焦虑自疗

汤国钧　江嘉伟　陈佩珊 / 著

中国宇航出版社
· 北京 ·

版权所有　侵权必究

图书在版编目（CIP）数据

焦虑自疗 / 汤国钧，江嘉伟，陈佩珊著. -- 北京：中国宇航出版社，2021.1（2023.5重印）

ISBN 978-7-5159-1821-1

Ⅰ. ①焦… Ⅱ. ①汤… ②江… ③陈… Ⅲ. ①焦虑—心理调节—通俗读物 Ⅳ. ①B842.6-49

中国版本图书馆CIP数据核字(2020)第271369号

责任编辑　田芳卿　　**封面设计**　李　松

责任校对　吴媛媛

出　版
发　行　中国宇航出版社

社　址　北京市阜成路 8 号　　**邮　编**　100830

（010）68768548

网　址　www.caphbook.com

经　销　新华书店

发行部　（010）68767386　　（010）68371900

（010）68767382　　（010）88100613（传真）

零售店　读者服务部

（010）68371105

承　印　三河市君旺印务有限公司

版　次　2021 年 1 月第 1 版　　2023 年 5 月第 4 次印刷

规　格　880 × 1230　　**开　本**　1/32

印　张　7.375　　**字　数**　144 千字

书　号　ISBN 978-7-5159-1821-1

定　价　38.00 元

本书如有印装质量问题，可与发行部联系调换

序一

提起焦虑，我不期然想起范仲淹这句话："先天下之忧而忧，后天下之乐而乐。"小时候，我很敬佩他的精神，但成为临床心理学家后，却发现在今日，一个先天下之忧而忧的人，如果他不是从政者，便可能是我们所说的"焦虑症"患者！

本来，焦虑是一种情绪，每种情绪都有它的作用。但任何一种情绪太极端或者太偏激，便成为负累，甚至是病态。中国人具有"中庸之道"的智慧：适度的焦虑，正如适度的压力，是必要的，它会帮助我们提高警觉，让我们避免许多危险。但过度的焦虑，便会成为阻碍我们前进的绊脚石了。

在我过往的工作经验中，很多人为不同程度的焦虑症求助——虽然他们求助时，未必知道自己是患了焦虑症。今天人们对焦虑症的认识，比二十年前提高了，然而还是有很多人一知半解，甚至仍然把焦虑症当作洪水猛兽，避之则吉。他们不明白焦虑症和其他情绪病一样，是可以预防，亦可以"自疗"的。

诚然，严重的焦虑症状，需要深入的心理甚至药物治疗。但是，未发或初发的焦虑症，其实可以靠自己改变心态和行为来预防或者减轻症状——至于能否做到，在于我们能否认清焦虑的真面目。

所以我很高兴见到这本书面世，书中为读者详细分析焦虑症的成因，介绍主流的治疗方法。最重要的是，书中提供了许多心理自助练习。

“病向浅中医”“预防胜于治疗”，这些话虽是老生常谈，却是至理名言。能够明白焦虑症是什么，已经可以帮助我们减少许多焦虑。这书中我喜欢的是，除了介绍传统的认知行为疗法外，也从静观心理学和正向心理学的角度去理解和处理焦虑。

在我的临床工作经验当中，“心态”的转变，是治疗任何心理问题的窍门——正所谓一切都是“在心中”。心态转变了，无论对预防或治疗，都是成功的先决条件。静观心理学及正向心理学，正是改变心态的入门良方。

无论是一般的焦虑情绪，抑或是焦虑症，都需要认识。最重要的是以“平常心”来面对，既不可讳疾忌医，也不可胡乱服药。要知道，任何事情，能够自助，都是种福分——所以自疗是很重要的。希望这本书，可以给读者一些启发。

刘家祖

资深临床心理学家

香港心理学会院士

序二

形容现代人的生活，总离不开“紧张”“压力”“忧虑”“烦恼”等词汇。从前，“焦虑症”“抑郁症”是一些难以宣之于口的精神困扰。随着业界努力推行大众教育，患病人士站出来分享自己的经历，现在它们已变成广为人知的“心理感冒”。对现代人来说，焦虑、抑郁好比感冒一般普遍常见，却又不能轻视忽略。大众带着战战兢兢的态度，检视自己的情绪状况和心理质素，一时间自我测试问卷和自助材料成为每家每户不能缺少的“心理探热针”。

许多出版商说现代人不爱读书，除非是实际实用的工具书。于是坊间自然地涌现各种各样的自疗书籍，各行各业又提供五花八门的“治疗”及“预防”方法。在这个百花齐放、各取所需的年代，说人家的方法不科学、没有实证、有反效果、有害无益……往往招来一句：“不过我感觉良好嘛，何害之有呢？”于是任凭学术研究如何反省，批判某些花哨的治疗和自疗方法，心理治疗工具书在市面上仍像雨后春笋般竞相面世。看来只有心理业界同心协力，把学术研究和临床实践经验，用深入浅出、实用而生活化的文字，以助人自助的精神，与大众一起研习，才可以让有效的焦虑、抑郁实证治疗方法深入民心，向有需要的人士提供一些不会劳民伤财的心理治疗方法。

我相信《焦虑自疗》就是以此为目标的自助书籍，它把认知行为疗法、正向心理、自信、自我效能感和“静观”生活态度、接受和承诺治疗等心理学说，化作生活练习，让读者可以认识焦虑压力，减轻焦虑症的困扰；提出改善现代人生活压力和增强心理素质的价值追求，指导读者建立轻松自在、不怕焦虑的人生。

从大学年代认识的汤国钧同学，到现今联合情绪健康教育中心主席的汤国钧博士；从多年前的实习临床心理学家，到现在独当一面的临床心理学家江嘉伟先生和陈佩珊女士，他们每天在工作岗位努力协助病人克服焦虑，更在百忙中编写这本自疗手册，展示他们乐意把学术研究和临床实践的经验心得，与病人、读者和同业分享的情操。能够为此书撰写小序，是本人的荣幸，亦是一个分享同业朋友成果和青年才俊成就的缘分！

梁若芊
临床心理学家
香港大学辅导及心理培育总监

作者序

焦虑的本质就是害怕（fear）。当我们害怕失去所重视的，或感到放在自己身上的要求远高于自己的实际能力时，我们便会感到焦虑。现代文明为我们带来无尽的舒适和享受，但同时也制造无数的压力和焦虑——应接不暇的工作、急剧的社会转变、没着落的安全保障、白热化的竞争和无穷的欲望与追求等，似乎都是人类现代化过程中不可避免的代价。

的确，没有人可以完全掌握自己的人生，现实中总会有失望、意外、不受自己意愿控制的情况出现，我们愈不愿意接受这个事实，就愈可能会感到焦虑。当然，焦虑不一定是坏事，它可以是我们生命的动力，驱使我们避开危险，防患于未然，甚至努力追求理想。然而，若不善于处理焦虑，它也可以成为你的敌人，阻碍你的成长，破坏你的幸福，严重的甚至会成为情绪病——焦虑症。

因此，学习有效处理焦虑情绪的策略，可以说是现代人不可或缺的生存技能，本书就是为这个目的而写的。《焦虑自疗》是联合情绪健康教育中心撰写的“健康情绪自助系列”第二本自助手册（第一本是《抑郁自疗》）。我们深信情绪健康是现代人极度需要的，现代生活有太多对我们心理健康的威胁，而学习情绪自助是保障身心健康的重要途径。

近年来，心理健康和心理治疗已广泛地被肯定和接受，但碍于各种原因，有需要而又能够接受心理治疗的人士始终有限。这个“健康情绪自助系列”就是为了让更多朋友可以通过自学来改善自己的负面情绪。书中建议的焦虑自助方法，都是由经过实证的心理治疗发展出来的，绝对有根有据。当然，假如你已被诊断患上焦虑症，或焦虑情况严重，请尽快寻求专业治疗，而这本书可以成为你战胜焦虑的辅助工具。当然，专业辅导人员也可用本书来帮助有焦虑问题的受助人。

我们希望通过心理健康教育和情绪自助的途径，让更多朋友有能力与焦虑共舞，过上愉快美好的生活，这是我们最大的心愿。诚意向关心心灵健康的你推荐这本书。

最后，感谢吴雁词小姐为此书部分内容搜集资料，特此鸣谢！

汤国钧

基督教联合医务协会

联合情绪健康教育中心主席

特此鸣谢福克斯心理健康中心（Focus Psychological Enrichment Centre Co. Ltd.）在写作此书时给予的支持。

陈佩珊谨识

目录

CONTENTS

中篇 焦虑自选疗法（上）

下篇　焦虑自选疗法（下）

导言　焦虑自疗

焦虑是人们面对不确定和遇到过多压力时的正常反应，当焦虑的程度超越了合理、正常的尺度，就要设法寻求解决之道。心理自助是心理治疗的重要元素，心理学理论和研究结果都肯定这一点。只要当事人愿意努力尝试和实践所学的方法，情绪自助确实可以改善焦虑问题。

一、焦虑：21 世纪的“流行性感冒”

为什么你会选择这本书呢？焦虑是否是你正在挣扎的问题？事实上，焦虑已经成为现代都市人几乎无法逃避的问题，它对我们心灵的侵蚀已到了不容忽视的地步。甚至有学者指出，社会上有四分之一的成年人一生起码患上一次焦虑症，可见这是个多么普遍的流行病。

我们称焦虑为 21 世纪的流行性感冒，事实上每个人都有机会患上焦虑，而且它会传染。焦虑的人会令身边人感到不安和压力，大家在不知不觉间变得急躁。如果处理不当，焦虑甚至可以成病——焦虑症，严重影响你的健康和生活。

为什么我们要写一本焦虑自疗的书？我们知道天冷了要多穿衣服才不会着凉，怎样医治和预防这种损害心灵的“感冒”，也是每个人都必须要学会的。这本书就是要帮助大家面对和克服焦虑，做自己情绪的主人。

告诉你

有关焦虑的统计数字

美国

焦虑症是美国最普遍的精神性疾病，全国有 18.1% 的成人（约 4000 万人）受焦虑困扰。常见的焦虑症包括惊恐症、恐惧症、社交焦虑症和广泛性焦虑症。最常见的是社交焦虑症，估计美国有1500万名患者。患上广泛性焦虑症和创伤后压力症的分别有680万人和770万人。女性患上惊恐症、创伤后压力症和广泛性焦虑症的数量比男性多。

“9·11”恐怖袭击后，不少经历此劫的美国人，心理上都有难以忘怀的阴影。事件发生后半年，有调查发现，差不多四分之一的受访美国人认为，那是他们一生中最惊惶焦虑的日子。

加拿大

单在2002年，估计有75万名成人患上社交焦虑症。超过200万人在过去曾受或正在经受社交焦虑症的困扰，占加拿大全国人口的8%。现有的社交焦虑症患者，超过六成未尝试寻求专业协助。

德国

德国人一生有15%的概率患上焦虑症，女性患上焦虑症的概率是男性的两倍。人口比例上大约有9%的人证实患上焦虑症。

中国香港

研究估计香港有超过11万人患上广泛性焦虑症，占香港人口的4.1%，其中九成患者认为焦虑症影响他们的工作。虽然如此，只有四成患者寻求专业协助。调查发现，大约4.4%的人有惊恐症症状。另一个在2003年进行的访问发现，有3.2%的受访者患上社交焦虑症，估计香港有超过11万人是社交焦虑症患者。社交焦虑症患者的平均患病期竟长达12年，相信是因为只有极少数人为此求诊，很多患者都没有得到有效诊治。

二、焦虑不可怕

看到以上统计数据，你可能认为焦虑是洪水猛兽，非常吓人，其实并不尽然！人生有起有落，变幻无常，焦虑是我们面对不确定或遇到过多压力时的正常反应，不一定是件坏事。相反，完全没有焦虑可能会阻碍我们奋力向前，为理想而努力。不过，当焦虑的程度超越了合理、正常的尺度，严重影响生活和身心健康，那就要设法寻求解决之道，本书就是要帮助大家处理不正常的焦虑心理。

告诉你

动物也焦虑

焦虑反应不是人类独有的，我们在动物身上也发现了焦虑反应。有一名生理学家把动物在压力下产生的激素注入到猫身上，结果猫的心跳立刻加快，呼吸短促，瞳孔放大，血液大量流向心脏和肌肉，这不是和人的焦虑反应相似吗？

三、心理自助的理论基础

讨论区

无助的经理

刘明大学毕业后，加入了一家颇具规模的银行做事，由底层做起。由于他工作勤奋认真，受到上司赏识，短短几年时间就当上了分行经理，前途本是一片光明。但最近银行高层有人事变动，经营方针有所改变，对分行业绩的要求忽然提高不少，给刘明造成很大的精神压力。

这几个星期，他发觉自己愈来愈缺乏耐性，脾气容易暴躁；手上总有做不完的工作，下班时间愈来愈晚，差不多每晚回到家都要继续工作至凌晨，周末也不能轻松一下。他还留意到自己经常有心跳急促和头痛的现象，晚上也睡不安宁，眉头终日都绷得紧紧的。刘明知道自己不能再这样下去，但又找不到解决和疏导情绪的方法，也不知道是否应向医生或心理专家求助。

想一想??

❶ 你认为刘明是否已经患上焦虑症了？

❷ 刘明应该怎样处理自己的情绪，他需要求助吗？

近年来，心理自助在西方心理学和心理治疗界极为流行，其崛起具有几方面的特殊因素。首先是现实资源的限制，心理辅导或治疗服务永远都不足。有调查指出，社会上所需的心理治疗服务，基本上是现有能力的几十倍，即大量有需要的人士无法得到心理治疗。

内地的情况可能比西方社会更为严重，因为内地的心理辅导或治疗服务相对更为短缺，人们普遍忽视心理问题。大部分人又负担不起专业心理治疗师的收费，所以说内地的情况要比西方国家更为严重，这是不争的事实。

心理自助其实也是心理治疗的重要元素，二者关系密切。心理治疗虽然有赖于心理治疗师的引导，但当事人仍须愿意努力学习如何改善自己的心理问题，学习有效的生活技能，以增强自己应对问题的心理资源。

到底情绪自助是否真的有效呢？心理学理论和研究结果都肯定了这一点。文献显示，只要当事人愿意努力尝试和实践所学的方法，情绪自助的确可以改善焦虑问题。

本书的情绪自助原则和方法源自经验证有效的心理治疗理论和方法，主要包括认知治疗（Cognitive Therapy）、行为治疗（Behavioral Therapy）、静观治疗（Mindfulness Therapy）以及接受和承诺治疗（Acceptance and Commitment Therapy）。这四种心理治疗的精粹分别为：

（1）认知治疗。针对个人的主观想法，通过认识和改变自己思想上的盲点和陷阱，建立更健康正确的思维和信念，以改善焦虑的问题。我们可以通过改变对事情的自动化想法及其背后的核心信念，从而改善自己的情绪和行为。本书第六章“思想起革命：思维自助法”会帮助你检查自己思想和信念上的问题，建立有益正面的思维。

（2）行为治疗。主要以改变行为模式为治疗的重点。受焦虑困扰的人，经常会有逃避问题的行为倾向，然而愈是逃避，问题愈解决不了，自己就会更焦虑，也更容易掉进逃避的恶性循环中。行为治疗通过认识问题行为的成因（特别是环境因素）和学习改变行为的方法，以改善焦虑的情绪。本书第七章“拥抱挑战：行为自助法”会提供有效的行为自助方法。

（3）静观治疗。引导我们学习有意识地、不加批判地以接受的态度专注于此时此刻自己内外的经验，从而孕育出敏锐的觉察力和思考力，重建内在的智慧和动力，解开自己的困扰和潜藏的不安情绪，使自己能重新掌握自己的生命方向和心理素质。本书第九章“心静无烦忧：静观自助法”会帮助大家掌握静观的方法，以提升大家的内在智慧，扭转焦虑的情绪。

（4）接受和承诺治疗。这是最新发展出来的新一代认知行为疗法。这套疗法相信，焦虑或其他情绪问题，都源于我们对情绪和思想的错误理解和掌握所造成的。这套治疗方法认为心理健康的重点乃是“心理弹性”（Psychological Flexibility）。要达到这一目标，需同时注重两点：全然接受人生的真实，不逃避痛苦的经验；承诺追求和实践自己的信念和价值，过一个以意义为本的生活。

本书的情绪自助方法大多以治疗焦虑症最常用的认知行为疗法（Cognitive-behavioral Therapy）为理论根据演变出来。这种疗法的重点是：要改善情绪，应由思想和行为两方面入手。研究显示，以这种疗法为基础的自助技巧最为有效，而且在专业人士引导下进行情绪自疗，效果更理想。

此外，本书第十章“正向心理，积极人生”，也会为大家介绍近年来发展迅速的正向心理学（Positive Psychology），这门学问专注于研究正向心理和理想人生所需的心理和客观条件，如乐观、愉快、希望、抗逆力、美德与品格等，其中有很多理论和技巧可以帮助大家扭转生命的方向，追求愉快正面的体验，重建生活的意义，这可能是最彻底的战胜焦虑的途径。

四、本书目的和特色

当我们计划写《焦虑自疗》一书时，并不想写一本艰涩难懂，全是理论但不切实际的书，这对一般读者没有太大帮助。也不是要写一本介绍焦虑症的书，因为这方面的书已经不少。我们认为，如果阅读本书的朋友真的患有焦虑症或受到焦虑情绪的困扰，单单认识一些焦虑症或情绪健康的知识并不够。事实上，很多人可能患上了焦虑症而不自知，更不知应付和治疗焦虑症原来有相当多有效的方法。我们希望通过本书让读者掌握焦虑自助的方法，包括认清自己的焦虑问题，了解焦虑症的成因与特征，学会改善焦虑情绪的有效方法。

本书内容基于“情绪自助人人做得到”这一信念，希望此书能深入浅出，对实际问题提出切实的处理方法。这些方法都是根据心理学和精神医学，尤其是心理治疗和辅导方面的理论和研究，加上作者本身的临床经验汇聚而成。这些方法曾被无数焦虑症病人使用过，证实有效。我们相信，只要你认真去学，你的焦虑情况一定会改善。

这里必须声明，假如你已经确诊患上焦虑症，你应该立即寻求适当的治疗，不论是药物还是心理治疗，单是阅读本书或靠一己之力，很难完全康复过来。然而，这本情绪自助书对你仍很有价值，因为情绪自助和自我管理本身也是心理治疗的一部分。努力帮助自己改善心理健康，是战胜焦虑不可或缺的一环。

1. 本书适合你使用吗?

本书不单为患上焦虑症的朋友而写，也为经常感到焦虑不安或受焦虑情绪困扰的朋友而写。其实，本书也很适合没有患上焦虑症，但希望避免被焦虑情绪困扰的朋友。事实上，“预防胜于治疗”是个非常重要的生活态度和原则。总的来说，只要：

- 你怀疑自己患上焦虑症，或已被诊断为焦虑症患者；
- 你或许没有患上焦虑症，但心情经常处于紧张焦虑的状态，又或者生理和行为上经常有焦虑反应，你可以运用本书介绍的方法，大大改善自己的情绪问题；
- 你的亲友患上焦虑症，本书会帮助你了解他们及掌握一些帮助他们渡过难关的方法；
- 你认为自己的情绪没有问题，但希望从预防的角度了解如何保持心情开朗，即使生活遇到挫折，也可以积极面对；

- 你从事心理治疗或辅导，或向情绪受困扰的人士提供服务，本书会为你介绍现今焦虑心理治疗最有效的方法。

如果你是从事心理辅导或心理治疗的专业人士，可将本书介绍给焦虑症患者或受情绪困扰的人，鼓励他们依照书内介绍的方法进行练习，作为心理治疗的辅助工具。你还可以在心理辅导中与受助人一起讨论本书内容，以达到最佳的疗效。书中的内容和建议也适合运用于小组治疗或自助小组中，用作分享、讨论和练习的蓝图，相信对小组治疗的成效一定有帮助。

2. 如何使用此书?

为了达到以上目的，书中会有下列四项重点说明，通过糅合理论与实践，互相配合，期望有助于读者了解和实践书中的方法。

“**讨论区**”，参考专家临床经验编写的模拟案例，让读者透视不同的焦虑问题。

“**告诉你**”，提供科学验证的研究结果，让大家掌握有关焦虑问题的资料。

“**提示你**”，在学习或运用书中提供的方法时，需要特别注意的事情。

“**实战区**”，鼓励大家按照本书设计的自助练习，进行实践、记录和分享。

我们建议大家由第一章开始，顺序读下去，或先读你最感兴趣的自疗方法。希望大家按书中的提示和练习去做，亲身体验比单单阅读有效得多。不信？试试就知道了！

提示你

如果你依照本书的建议尝试了一段时间，情绪问题仍未能明显改善，应立即寻求专业人士如精神科医生、临床心理学家、受过精神病专业训练的社区医生、心理咨询师或社会工作者等协助。

参考资料

【1】The Canadian Community Health Survey.2005.How healthy are Canadians [EB/OL].[2008-02-26].http://umanitoba.ca/libraries/units/datalib/cchs.htm.

【2】Kessler R C,Chiu W T, Demler O,et al.2005.Prevalence,severity,and comorbidity of twelve-month DSM-IV disorders in the National Comorbidity Survey Replication（NCS-R）[J].Archives of General Psychiatry，62（6）：617-627.

【3】李诚 .2004. 谈情说病：漫谈情绪病 [M]. 香港：天健出版社 .

上篇

认识焦虑

第一章　焦虑情绪面面观

疼痛是健康的，它警告你，身体有事情不对了；恐惧也是健康的，它让你脱离安逸，勇敢面对挑战。

——英特尔（Intel Corporation）前执行长
格罗夫（Andrew S. Grove）

一、透视情绪

你觉得情绪是你的敌人还是朋友？

每个人都有情绪，没有情绪体验的话，人生也不会感受到甜酸苦辣的滋味。虽然我们对情绪的日常用语似乎都带有贬意，例如“闹情绪”“情绪化”等，但情绪在我们的人生中其实占有极重要的正面的一席位置，例如许多人视追寻快乐为人生的最高目标。

情绪的英文是“emotion”，字根来自拉丁文“exmovere”，意思是出动、挑动或刺激，含有挑起冲动或行动的意思。事实上，当你体验某些情绪时，自然会感到一种要做些什么的冲动，来配合这种情绪。例如，恐惧的情绪会叫你想逃跑或逃避，因为你感觉到危险的威胁存在。焦虑也是情绪的一种，是人面对威胁时的本能反应。

有些人能够与自己的情绪做朋友，善于了解和处理自己的情绪，甚至善用情绪。但有些人的情绪是自己的“敌人”，甚至是“头号敌人”，情绪不断地困扰他们，严重的甚至可能演变成情绪病，焦虑症正是其中一种。

1. 情绪：是敌？是友？

告诉你

情绪有益

假如你置身以下情境，但感觉麻木、无所谓、不作出任何行动，你会喜欢这样的自己吗？

- 6 岁的儿子正冲向车水马龙的马路。
- 工作时办公楼上有浓烟冒出。
- 3 只凶猛的大狗正在身后追赶自己。
- 心爱的人患上重病。
- 闪电时自己正身处高地。

就像肌肉要经过压力的锻炼才会变得强壮，人经历过情绪磨炼后可以变得更坚强。所以，就算是负面情绪也有它的用处。

心理学告诉我们，不论正面还是负面情绪，都有其存在的价值。情绪是个人对现实或想象中的环境所产生的喜恶反应，是需要和期望获得满足或遭受挫折造成的回响。

各种基本情绪都有其功用。

快乐：使我们感到有活力，推动我们为目标而努力。

恐惧：让我们的身体为遇到的潜在危险作出准备。

悲伤：从痛苦中得到休息和反思的机会。

愤怒：让我们有力量去保护自己。

惊讶：引起我们的求知欲，增强我们的警觉性。

专门研究情绪的心理学家格林伯格（Greenberg）和佩维奥（Paivio）认为情绪有以下功用。

（1）引发行动。当经历某些情绪时，我们的身体自然会作出相应的准备，使我们随时能作出适当的行动。

（2）提供重要情报。情绪的产生，是要告诉我们留意一些现实中发生的事情。假如我们忽略了情绪的提示，随时可能会有负面后果出现，例如不懂得逃离危险或忽略人际关系中应留意的地方。

（3）推动正面行为。若缺乏情绪推动，我们可能会变得非常被动和消极，不会去为自己争取更多的利益和好处。很多时候，为了让自己更快乐一些，我们会主动、积极地投入对自己有益的活动。

（4）与人沟通的渠道。是否想过情绪不只是个人的事，它还是人与人之间沟通的桥梁？在与人相处时，我们往往通过表达情绪或感受，或解读对方的情绪，以达成有效的接触和交流，所以，情绪确是沟通中重要的一环。错误地表达或解读情绪，会造成很大的沟通障碍，直接影响人际关系。

因此，可以肯定地说：情绪是我们的“发电机”和“指南针”，是我们生存的必备工具。善用这些工具的人，自然会生活得愉快和幸福。

2. 情绪的类别

我们每个人都会体验到各种不同的情绪，大部分学者认为，人有九种基本情绪，包括喜乐、爱、兴趣（Interest）、哀伤、惊讶、恐惧、厌恶、内疚和愤怒。心理学家罗素（Russell）和普拉特切克（Plutchik）将各种情绪以两个向度来分类：**一个是愉快 / 不愉快的向度（Pleasantness-unpleasantness Dimension），另一个是强 / 弱的向度（Intensity Dimension）**。经验告诉我们，某些情绪基本上会令我们产生愉快的感觉，如欢欣、喜悦、满足、平静、松弛和自信等，而某些情绪令我们产生不愉快、抗拒的感觉，如恐惧、愤怒、哀伤、内疚、厌恶、憎恨和抑郁等。我们的自然倾向是欢迎愉快的情绪，抗拒或逃避不愉快的情绪，所以前者又称为"正面的情绪"，后者称为"负面的情绪"。

另一个情绪向度就是强 / 弱的分别。强烈的情绪很容易被感受到，使我们无法忽视。换句话说，这些情绪的嗓门很高，能够经常大声地向我们呼喊，叫我们不能不注意它们，例如，哀伤就是一种强烈的情绪。力度较弱的情绪如同微弱的声线，要留心聆听才可以觉察得到，例如轻微的不安就是一种较微弱的情绪。每种基本情绪如喜怒哀惧，都有不同的强弱程度，对我们的影响也各有不同。正如其他情绪一样，焦虑也有强弱的分别，这是我们需要注意的。

情绪的体验也可以分为情绪状态（Emotional State）、惯常情绪反应（Emotion Trait）和心情（Mood）。情绪状态指在某个时刻下特定的情绪，例如愤怒、哀伤、欢乐等，这些情绪状态会不断改变，一天之内你可能经历无数的情绪状态。了解这一点有助于我们坦然接纳自己的情绪状态，明白最坏、最辛苦的时刻，或是最愉快、最欢喜的时刻都一定会过去和转变。

惯常情绪反应指我们对事情产生的惯性情绪反应，就像人的个性。有些人的惯常反应是焦虑，经常感到不安和紧张，有些人则很容易被生活琐事激怒。这些惯常的情绪反应，可以说是我们性格的一部分，兼具先天和后天的因素。

最后，**心情是指一个人在某段时期里的内心感觉或情绪，**这与惯常的情绪反应有一定的关系。惯常有开心情绪反应的人较易变得愉快，惯常有忧郁情绪反应的人则动辄心情低落。假如负面心情维持较长的一段时间，挥之不去，对工作和生活造成严重影响的话，那就可能是患上情绪病了。

实战区

情绪词汇练习：不同向度的情绪

情绪以两个向度来分类：

（1）愉快 / 不愉快

十分愉快　愉快　不愉快　十分不愉快

（2）强 / 弱

极强　强　中　弱　极弱

不同向度的组合可以用来形容不同的情绪，例如：

十分愉快 × 极强 ＝ 欣喜若狂

活动：试为以下向度组合想出适合的情绪词汇。记住：同一个组合可以有超过一个的情绪词汇。

a. 愉快　　× 极强　= ______________________

b. 不愉快　× 强　　= ______________________

c. 愉快　　× 弱　　= ______________________

d. 愉快和不愉快之间　× 中　= ______________________

答案范例：

a. 兴高采烈　　b. 郁郁寡欢　　c. 沾沾自喜　　d. 哭笑不得

3. 对待情绪的态度

我们对待情绪的态度是怎样形成的呢？答案离不开原生家庭的影响和成长的经验。如果你的父母不能接受不愉快的负面情绪，那你也很可能像他们那样看待这些情绪。当你年幼时向他们表达这些情绪时，他们可能会否定你的表达方式，如“男孩子不应该哭！”“你不要紧张，紧张也没有用！”“在家里不准发火！”久而久之，你就会在潜意识里同样否定自己的情绪，造成一种抗拒负面情绪的不友善态度。

人总是希望享受快乐，逃避痛苦，所以自然会抗拒让人不愉快的情绪。可是，客观研究和主观经验都表明：抗拒和逃避这些情绪，只会加深我们的困扰。

其实，情绪是与生俱来、自然而生的，有些情绪叫我们感到愉快，有些情绪则叫我们感到不愉快，这都是真实人生的写照，我们不能逃避，应该接受。**假使我们学会接纳痛苦的情绪体验，视为人生不可避免的一部分，那我们反而有机会减轻这种痛苦。**反之，不愿意接纳痛苦感觉的人，面对不能改变的痛苦经历时，只会感到更加困扰，这也是静观治疗与接受和承诺治疗所提倡和主张的。

二、焦虑的世界

焦虑是否是你最常有的情绪呢？**焦虑（Anxiety）反应属于惊慌（Fear）这种基本情绪中的一种。**若单指心情或主观感觉，可笼统地用“紧张”“担心”等字眼来形容，面对压力、威胁或危险时，我们自然会紧张，甚至惊慌。然而，焦虑的情绪不单指心情紧张或担忧，除了主观感觉外，其中还包含了思想、身体及行为三方面的状态。

1. 焦虑的想法

焦虑通常与你对现实或所发生的事情的主观评估有关，焦虑的想法往往引发自危险、受伤害、受攻击、受威胁和可能失去重视的东西等主题，如想到失业、失恋、离婚、工作压力、患病、死亡等。这些评估直接影响你的安全感，让你感到生存空间正在不断缩小。第六章“思想起革命：思维自助法”将会继续分析和讨论。

2. 焦虑的生理反应

紧张或焦虑会带来生理上的自然反应，**心理学家坎农（Cannon）称之为“战斗或逃避反应”**（Fight-or-flight Response）。当你面对危险或威胁时，自然会启动这个警报系统。这个系统帮助我们在危险情况下，为逃离险境作出准备，又或者在逃避不了时，支持我们为生存而战斗。这个警报系统一旦启动，脑部会立即传达“有危险”的信息，由神经系统释放出荷尔蒙，把信号发送到身体的不同部分，产生相应的反应。

- 思想变得集中，警觉性提高。
- 血管收缩，作出有可能受伤的准备。
- 心跳加快，血压上升。
- 流汗，体温下降。
- 血液流向肌肉。
- 消化减慢以保留体能。
- 口水分泌减少。
- 呼吸加快，鼻孔和肺的呼吸通道扩大，更快吸入空气。
- 肝分泌糖释放出更多能量。
- 括约肌收缩以关闭大肠及膀胱入口。
- 免疫系统反应减慢。

3. 焦虑的行为倾向和后果

每种情绪就像计算机的指令程序，会驱使我们作出某些相关的行动反应。如前所述，焦虑或紧张的基本指令就是逃避或战斗，选择哪种反应，视乎现实环境与我们的主观评估而定。“战斗或逃避反应”是人类生存所需的警觉反应，面对眼前的危机时极为有用。可惜现代生活中很多危机和威胁，都是较复杂且掺入较多的心理因素，本能的焦虑反应未必能有效帮助我们面对。很多时候我们既不能逃走，也不能战斗，例如面对挑剔你的上司，或朋友的恶意批评，你的焦虑反应往往无法帮上忙，甚至可能成为你的包袱！

很多时候，我们希望尽快远离或消除焦虑这种负面情绪，并且都喜欢选择逃避。但是草率地逃避是不明智的，例如因害怕失败而放弃挑战，因害怕面对生病而逃避身体检查，或为了逃避伤痛的感觉而酗酒或依赖药物等。这些态度根本不能真正解决焦虑问题，只会把事情弄得愈来愈糟，带来更坏的后果。

正常情况下，当危机消失后，焦虑情绪也随之缓解，令身体和心理状态回复到正常水平。但若长期处于这种警觉的状态，危机意识未能化解，焦虑情绪就难以平复。这种情况若持续一段时间仍未能得到解决，焦虑就可能会影响你的身心健康，引起严重的后遗症。

实战区

焦虑的情景

以下都是通常引起焦虑的情景。

- 不符合别人的要求和期望，害怕被批评或令人失望。
- 制度或机制下的压力，被迫迎合既定的标准和期望。
- 不能确保自己的基本生存条件。
- 自尊感受到威胁。
- 害怕失去所珍惜的东西。
- 人际关系中怕被伤害。

想一想：

（1）你遇过这些情景吗？有没有产生以上提及的焦虑反应？

（2）有没有一些情景令你觉得焦虑，但不在上表中？

（3）你可以把感到焦虑的情景写下来，以更多地了解哪些特定的环境会引发自己的焦虑和不安。

令我感到焦虑的情景：

____

____

____

____

三、焦虑背后的心理特质

假使你有经常性的焦虑情绪、焦虑性格，甚至是焦虑症，你的问题背后可能潜藏着一些较深层的心理特质，以致焦虑成为你最大的问题和困扰，深刻地影响着你。这些深藏的心理特质不易发现，通常是不自觉的，在成长过程中渐渐形成的。再者，即使你能够发现和认识这些心理特质，也不容易一下子改变过来，需要持久地努力，并且需要懂得运用恰当的方法。

引发焦虑的心理特质包括以下几个方面。

1. 缺乏足够的安全感

在人的基本心理需要中，安全感至为重要。任何生物，包括人类，处于危险的环境中，其生存机会自然大大减少，为了生存，最原始的动力就是去争取或确保一个安全的环境。我们的祖先在大自然的环境中要面对很多危险和威胁，不论是大自然的冷酷无情，如严寒、风暴、地震、火山爆发等，还是野兽的袭击，他们都要为保住性命而奋斗，追求安全自然成为他们的心理动力。缺乏安全或遇到危险时，恐惧和焦虑是再自然不过的反应。

现代文明为我们提供了生存的基本保障，现代人面对生命威胁的机会当然远低于古时。然而，现代人却往往要面对另一种对“安全”的威胁——心理上对安全感的威胁！生活在现代复杂多变的社会中，我们在心理上要承受更多的压力，以至于心理上的安全感变成我们的一大挑战。

在这种情形中，个人的安全感是否足够，就成为心理健康的关键。安全感是一种心理素质，指个人的一种安全、稳妥、自在的主观感觉。**安全感强的人，自然不易因外在环境的转变而感到焦虑，也不会过分高估危险和威胁。**健康的安全感是自小培养的，假如你的童年充满不稳定性，例如照顾者发生改变或离别、居住地不停地变迁、父母过分严苛或飘忽等，你的安全感就会被削弱，日后有可能容易产生焦虑。

2. 完全控制的欲望

为求增加安全感，很多人渐渐养成一种想完全控制生活环境的欲望。这些人的想法是："在自己能够掌握、控制的范围内的事情，就不会对自己构成威胁和危险，因此我必须尽一切努力，让生活中的一切事情都不会在我的控制范围之外，这才是最佳保证。"

你是否遇到过这种人呢？你自己是否有这种心态和信念呢？试着诚实地回答以下问题。

- 你是否凡事都计划周详，确保没有闪失呢？
- 你是否对意料之外、突发的事情感到非常紧张，甚至大发脾气或不知所措？
- 你是否觉得别人一定要配合你的计划，按照你的意思去做，否则就非常不高兴呢？

- 当你的生活秩序被某些事情打乱或耽搁了，是否会心烦意乱或非常愤怒呢？

如果你对以上大部分问题的答案都是肯定的话，那你很可能倾向于想要完全控制环境。有这种倾向的人为了达到目的，往往会花很多精力在掌控环境和生活的安排上。可惜，现实并非一定能如我们所愿，因此这类人很容易感到焦虑和不安，不能放松和灵活应变。如果喜欢将责任推诿于人，则会易怒和烦躁。责任心过强的人，则会感到内疚和自责。总而言之，过分要求控制，也是焦虑的元凶之一。

3. 完美主义倾向

第三个造成焦虑的心理源头是完美主义的倾向。

你是否有以下情况？

- 为了达到完美，你几乎愿意付出任何代价去完成手上的工作；
- 你所做的或所经历的事情，即使带有少许瑕疵，你也不能接受，并感到极度沮丧；
- 你会不断地寻找新资料或修订已完成的作品，总会找到不完善或有缺陷的地方。

假使你的表现正是以上情况，那你有很大概率是倾向完美主义，这也可能是你经常感到焦虑的原因之一。

焦虑很多时候来自压力，而完美主义者高度的自我要求会带

来极大的压力，焦虑也就变成难以避免的后果。完美主义倾向的形成往往与儿时的经验有关，可能是过分重视大人如父母、老师等的赞赏，以致不惜代价追求十全十美，确保优越感得以维持。渐渐地，这种心态成为习惯，进入潜意识中，变成牢不可破的自我要求，使当事人容易处于焦虑和紧张的状态中。

4. 害怕被人拒绝

很多导致焦虑的处境都是社会性的，直接与人有关，社交焦虑症就是最典型的例子。**社交焦虑症患者对别人的目光和态度特别敏感，在社交场合很容易感到自己成为别人目光的焦点，或恶意批评、讥笑的对象。**很多焦虑感都有类似性质，例如害怕人前出丑、害怕被人拒绝、害怕别人看不起自己等，这些都是焦虑背后常见的原因。

试回想一下，在你经历过的焦虑事件中，会想起哪些人？你的焦虑是否与他们直接有关？是否有一些深刻难忘的痛苦经验，例如被人嘲笑、拒绝、恶意批评，使你一直回避与某些人甚至大多数人有社交上的接触？假使有，你的焦虑就很可能与害怕被人批评或拒绝有关了。

5. 悲观忧虑的习惯

最后一个容易引发焦虑的心理特质，就是悲观和忧虑未来的习惯，这在悲观和忧虑型性格的人中最常见。假使你有以下情况，就很可能属于这种类型的性格。

- 在不肯定的情况下，你总会预感到最坏的后果。
- 凡事总爱看坏的一面，忽略事情好的一面。
- 忧虑的思绪总是缠绕着你不放，很难放下这些思绪和念头。

当你满脑子都是忧虑和悲观的想法时，自然难免焦虑和不安，仿佛威胁和危险已经迫在眉睫，无法逃避。

悲观和忧虑的个性，有一部分是天生的，与遗传因子有关；有一部分是后天养成的，如悲观忧虑型的父母，较易培养出同类型的小朋友，缺乏安全稳妥的成长环境也可能造成这种类型的性格。有关这点，下一部分将详细讨论。

以上五种心理特质和个性，都是导致焦虑问题的元凶，你可以检查一下自己有哪些心理特质，以及它们与你的焦虑问题之间的关系。若你想改善自己的焦虑问题，要从根本入手，改变这些心理特质，这才是最彻底有效的方法。

四、焦虑性格与成长经验

你是否认为你的焦虑反应与自己的性格有一定关系呢？有些人的情绪比较稳定，不易波动，较容易活得轻松自在。有些人很容易紧张，对于一些小事也忧虑不已，常常觉得压力很大，不能放松下来，这些分别都是源自不同的性格。

根据心理学的研究，性格约有一半是天生的，与遗传因子有关。例如，在单细胞孪生子的研究中发现，这些孪生子的性格相对于双细胞孪生子来说，有更多相似的地方，可见遗传因素的重要性。

情绪的稳定性约有一半是遗传的，与环境无关。有些婴孩刚出生就比较难照顾，易哭易闹；有些婴孩则较易适应环境，性情较温和，较易满足。**既然焦虑性格有一部分是与生俱来的，我们就应学习尽量了解和接受自己。**

另一半影响性格的因素是后天环境和经验。某些家庭和学校环境容易产生焦虑型性格的孩子，你可以细心回忆一下，以下一些常见的成长体验是否也是你的亲身感受。

1. 过严的家规

家庭研究理论和家庭治疗（Family Therapy）告诉我们，每个家庭都有一些不成文的“家规”（Family Rules），作为家庭成员的行为规范。这些家规大多由父母自觉或不自觉地定下，是孩子社会化（Socialization）过程中重要的部分，让孩子知道哪些行为可以做、应该做，哪些行为不可做、不应该做，这也是我们成长过程中道德规范的蓝本。

假如你所在家庭定的家规过严、过多、过于死板，在成长中，你会经常听到父母说这个不可以做，那个有危险。过分的呵护可能会让你失去尝试和冒险的勇气，渐渐形成懦弱怕事的性格。

2. 要求过高的父母

在心理治疗的经验中，我们遇到很多有焦虑问题的朋友，他们的父母都是要求极高的人，在儿时对他们抱有极高的期望或过分严格的要求。他们若想获取父母的认可和赞赏，必须很努力才能达到父母的要求。反之，若达不到父母的要求，就会受到批评和责罚。

你的父母对你的要求是否很高呢？是否超过了合理的水平？例如，他们是否要求你有超越所有人的表现，如考试成绩要名列前茅，或表现得比你实际的年龄早熟。

假如你童年时将讨父母欢心作为最重要的事，而父母正是以上所指的类型，那么你的焦虑问题很可能源于努力讨好父母意愿的心态，你的恐惧源于害怕父母失望或责罚，这成为你内心无形压力的源头。

3. 焦虑型父母的身教

我们的行为模式很大程度上是从父母身上学习得来的，模仿（Modeling）是学习的重要一环，包括模仿父母的思维、心态、情绪反应、行为、人际相处等。当然，我们与父母相似的地方，也有可能是受遗传因素的影响。假如你的父母属于焦虑型的"紧张大师"，他们的表现自然就会成为你的身教，你会在不知不觉中受到他们的惯性情绪表现感染，模仿他们紧张的性格，自己也成了"紧张大师"。这可能是另一种造成焦虑的家庭经验。

4. 太注重成绩和评估的教育

除了家庭，学校是影响我们成长的第二大环境。我们的社会以竞争文化见称。这种竞争文化由幼儿园、小学开始，学生读书考试压力之大，不用我们多说。当父母和老师过分注重学业成绩时，你要承受的压力真不少！假使你凭着天分和努力，成绩一向名列前茅，更要诚惶诚恐地确保你的名次和地位不变。若你是这样成长过来的，那么你的焦虑指数又要“加分”了。

5. 变幻无常的成长环境

有些焦虑的朋友自小就缺乏一个稳定的家庭环境，可能因为父母离异、病重甚至离世、工作时间过长，或不断由不同亲友照顾等缘故，**在成长过程中没有稳定的照顾和保护，以致心理上极度缺乏安全感，内心恐惧不可知的未来。**

如果你不幸地是这样成长起来的话，你可能对改变特别敏感，特别渴求可以完全掌控环境，以确保事事万全，但这种心态也会为你带来额外的压力和焦虑。在我们的临床经验中，这种情况并不罕见，可见安全稳定的关系和环境对个人成长多么重要。

假如你在上述环境中长大，你的焦虑问题很可能与成长经验有关。但你不用过分担心，只要你愿意努力尝试，按本书的方法多加练习，自然可以减少甚至改变焦虑的情况。

讨论区

无法完美

少聪的父母都是专业人士，父亲是医生，母亲是教师，对家中独子自然期望甚高。少聪自小就被悉心培养，父母一早安排他入读最优秀的幼儿园，然后是一条龙的直升名校。又为他安排不同科目的名师补习，小学四年级就参加海外学生交流团，开阔视野。这一切安排似乎非常奏效，少聪聪敏过人，成绩名列前茅。他对自己也要求甚高，期望自己达到完美。

可惜这一切都在他初中二年级因一场大病改变了。那年他不幸染上严重肺炎，休学两个月，复课后少聪的表现明显跟不上进度，成绩大幅下滑。少聪完全不能接受这个打击，但他越想追回落后的名次，就越感到恐慌，甚至对自己完全失去信心，焦虑症状如心跳、失眠等开始出现，给他带来非常大的困扰。

少聪的父母虽然都很体谅和支持他，但少聪自幼要求完美的个性令他不能接受成绩不如人的事实。思想钻牛角尖，造成恶性循环，结果少聪患上了焦虑症，甚至对上学产生恐惧，需接受长期的心理治疗。

想一想

❶ 你认为少聪患上焦虑症与他的家庭背景有关吗?

❷ 你认为少聪有哪些容易导致焦虑的性格?

五、焦虑流行的社会环境

告诉你

社会环境和情绪的关系?

人的情绪和周围的环境息息相关，焦虑程度会受经济气候、就业率和社会文化影响。有研究显示，东西德两国统一后，东德受焦虑问题困扰的人口达16.3%，是西德的两倍（7%）。这两个地区最显著的分别是由于政局变化，东德人民生活情况混乱、前景不明朗；西德人民没有这种困扰，因此焦虑指数也较低。

为什么焦虑会在现代社会中像流行性感冒一样普遍呢？你是否想过自己的焦虑问题与社会大环境有关呢？在现代社会中，我们要面对愈来愈多的压力和威胁，这也是造成焦虑这种“流行病”的一大原因。如果不明白这一点，就很难全面了解你的焦虑来源。

事实上，焦虑问题很多时候都受到社会文化转变的影响。19世纪时，有焦虑症的大都是妇女，她们会突然昏厥，正好符合当时“女子都是弱不禁风”的普遍印象。进入21世纪，科技发展一日千里，人们的生活似乎愈来愈舒适，但同时我们也要面对前所未有的挑战和压力。

导致焦虑症数字不降反升的原因，主要有以下七种社会因素。

1. 人的欲望不断提升

随着社会进步，我们对生活的期望和要求也不断增加。以前的社会比较简朴，很少奢望优厚的物质条件或舒适的生活，刻苦耐劳是当时不少人的座右铭。但现代社会鼓吹享受和优质生活，商业广告不断推销，扩大了我们的欲望胃口，因此对生活的要求自然有所提高。但现实中，并非每个人都幸运地或有能力达到这些要求，理想与现实的差距会造成心理上的压力。

2. 竞争与比较白热化

随着科技进步、信息爆炸，地球村内，各国关系愈来愈紧密。我们每天都可以通过互联网和传媒接触到世界各个角落的各种信息，导致我们要面对的竞争和比较也变得具有世界性。这一点在商业社会最明显不过，以前一家公司的竞争对手可能只是同一条街上的同类型店铺，但现在的对手都来自世界不同地区，可以是印度某地方的信息工程师，或是中国南方的外资工厂，可见要面对的挑战和压力是倍增了。

同样，以前的通信设施简陋，信息不似现在这样发达，你要作比较的可能只是身边的亲友。现代社会，你很容易接触到其他生活圈子，不论是通过传媒或是直接的经验，你都更容易将自己与人比较，底层人士与中产人士比较，中下层的与中上层的比较，中上层则与上流社会人士比较。这些形形色色的比较，很多时候都会叫人心里不舒服，形成一种无形的压力，令人不安和焦虑。

3. 工作环境的变迁

不少调查都发现，工作压力正成为现代人最主要的压力来源。事实上，上个世纪的工作环境和性质以惊人的速度发生了转变。以前，员工可以在同一家机构，用同一种技能组合去担当同一类工作，直至退休为止。但现在这种情况几乎已变成天方夜谭。今天的工作环境为工作带来了更多变数，更大压力。

- 现在的工种大多要求员工具备多种技能，而且还要不断进修学习，追赶最新的技术和水平。
- 在资源增值和白热化的竞争下，员工往往被要求提升个人的生产能力和竞争力，要兼顾的层面和任务变得愈来愈多。
- 现时员工的工作时间愈来愈长，要完成的工作愈来愈复杂、愈来愈多。员工比以往更难在工作和私人生活之间（包括家庭、朋友、闲暇、嗜好、学习等）取得平衡。长时间的工作与生活失衡，造成更大的精神压力，而员工可用来补充自己精神资源力量的机会却相应减少。
- 在多变和功利的社会里，工作的安全感和保障差不多荡然无存，公司不断改组、合并，合约和临时性质的工种愈来愈普遍，机构对员工的责任减少。个人只是整个组织很微小的部分，好像一个螺丝钉，随时可以被替换。失业或就业不足的威胁叫人不安与焦虑，也是压力的主要来源。

4. 贫富悬殊和阶级问题

贫富悬殊问题急剧恶化，已成为发达地区面临的最大挑战之一。社会经济模式转型，在失业和通胀的威胁下，底层人士面临前所未有的压力。他们不但不能享受经济发展的成果，改变经济环境的机会也不如以往多，与社会其他阶层人士的差距愈来愈大，生活压力也愈来愈大，成为社会中最容易被忽略和边缘化的一群。这些都会令身处其中的人感到压力和焦虑。

5. 家庭结构受冲击

在功利和自我主义膨胀的社会，家庭的结构和关系难免受到重大冲击和挑战。根据统计资料，香港地区的离婚数字在 25 年间增加了 8 倍，单亲家庭的数量在 10 年间增加了 1.35 倍，家庭暴力的数字也不断攀升。即使是正常的家庭，其中大部分也因受到社会现实环境的各种冲击，导致成员间关系疏远。缺少了家庭这个主要支柱，很多人都没有力量面对生活上的压力。

6. 加速度症候群现象

科技带给人类社会的好处有目共睹，但同时也大大提升了时间紧迫的意识，学者罗素（Russell）称这个时代持续加快的步伐为“加速度症候群”（Acceleration Syndrome）。每件事情都变得愈来愈快，以往要花上几个月的信息传递，现在只消几秒钟就完成了，连饮食也不过是一顿微波炉加工一下的即食餐。在这种事事讲求速度和效率的情况下，我们被时间这头“怪兽”不断催迫，压力也愈来愈大。

7. 个人主义冒起

传统社会有清晰明确的主流价值观和信念，这成为大多数人的生活方针和基石，是非黑白分明的好处，是个人不需要为每个决定取向而苦恼（当然亦有其弊处）。然而，现代社会倡导的是多元文化和个人主义，传统思想的指导作用消失，意味着更大的自主和自由，同时也代表更多的不稳定和变量。人生多变，缺少了核心价值的支持，我们自然要承受更多无形压力。

告诉你

压力与焦虑

我们常听到将压力与焦虑相提并论的说法，到底焦虑与压力之间有什么关系呢？

研究压力的心理学说显示，压力不单来自我们的外在环境，也来自我们对事情的主观理解或评估。每当我们遇上困境或难题，都会不自觉地对事情作出初步评估。一般来说，我们会把事情定性为无关痛痒的、正面的，或把事情理解为威胁、伤害、挑战等压力源头。当我们把事情评定为威胁、伤害或挑战时，我们的大脑便会进行第二阶段的评估，检查自己的应对能力或掌控结果的能力，从而作出适当的行为反应。

压力就在这个过程中产生。假使我们把事情理解为一个难题或危机，但又认为事情在自己的能力范围以内，便会产生正面的压力（Eustress），准备好去对问题作出反击或回应。相反，当我们认为应付事情所需的能力远超自己具有的，在“力不能及”

的情况下，负面的压力（Distress）便会出现。因为对掌握结果毫无把握，焦虑情绪由此产生。

古语有云："水能载舟，亦能覆舟。"正面的压力是我们的动力来源，能够使我们进入作战状态，做出更好的成绩。相反，负面的压力会令我们六神无主，惊惶失措，最后影响表现。

六、结语

焦虑是面对威胁或危险时自然的情绪反应，它可以是一种正面的推动力，帮助大家积极为面前的困难寻找解决之道。不懂得焦虑的人，在关键的时候，往往会错失及早处理问题的时机，以致今后很可能要面对更大的危机与问题。因此，正常的焦虑反应是大家的朋友，并非敌人。只有不正常或不健康的焦虑反应，才是大家的"敌人"或"绊脚石"。当然，过分或严重的焦虑会变成焦虑症，大大影响人们的生活质量和身心健康，这就是第二章和第三章要讨论的问题。

参考资料

【1】Cannon W B.1932.The Wisdom of the Body[M].New York:Norton.

【2】Greenberg L,Paivio S.1997.Working with Emotions in Psychotherapy[M].

New York: Guilford Press.

【3】Matheny K B ,McCarthy C J.2000.Write Your Own Prescription for Stress[M]. Oakland,CA: New Harbinger Publications,Inc.

【4】Plutchik R.1962. The Emotions: Facts, Theories, and a New Model[M].New York: Random House.

【5】Russell J A.1980.A circumplex model affect[J].Journal of Personality and Social Psychology,39(6):1161−1178.

【6】Selye H.1974. Stress without Distress[M].Philadelphia:J. B. Lippincott.

【7】Spradlin S E.2003.Don't Let Your Emotions Run Your Life:How Dialectical

【8】Behavior Therapy Can Put You in Control[M].Oakland,CA:New Harbinger Publications,Inc.

【9】政府统计处 .2007.1981 年至 2006 年香港的结婚及离婚趋势 [R].

第二章　焦虑情绪与焦虑症

生命中并没有值得恐惧的事，它们只是有待被了解。

——科学家 居里夫人（Marie Curie）

一、什么时候焦虑会成“症”呢？

焦虑的情绪虽然普遍，但是否会造成困扰，要视乎引发焦虑的情况和焦虑造成的影响而定。要将正常的焦虑和不正常或病态的焦虑作出比较，可参见下表。

正常的焦虑	不正常（病态）的焦虑
遇到危险或压力事件时的反应	在没有明显客观的危险或压力的情况下的反应
焦虑的程度与实际情况相符	焦虑的程度明显与实际情况不符，严重得多
经过一段时间后，焦虑减退，心情恢复正常	经过一段时间后，焦虑情况依然没有减退
当事人用正面、建设性的方法处理焦虑	当事人用负面、破坏性的方法处理焦虑
焦虑没有严重影响当事人各方面的生活	焦虑问题严重影响当事人各方面的生活，造成负面结果

从另一个角度去思考，焦虑问题是否严重或不正常，与下述条件相关。

引发点：引发焦虑的事情是否真的值得担心。

深度：焦虑的严重程度。

长度：焦虑维持多久。

广度：焦虑是否带来多方面的影响。

明显属于病态或不正常的焦虑，造成的严重影响包括：

- 失去工作能力；
- 引发严重的身体毛病，例如胃溃疡、偏头痛等；
- 造成人际关系上的严重障碍，如社交恐惧；
- 造成极大压力，甚至产生抑郁和自杀的念头；
- 造成灵性枯竭，失去人生意义和方向。

大家可仔细阅读以下清单，看看自己的情况是否超出一般正常的焦虑。过度焦虑的人会：

- 对事情过于敏感；
- 为琐事烦恼不已；
- 难以放松自己；
- 经常神经紧张；
- 忧虑在脑海中缠绕，挥之不去；
- 担忧并逃避一些令自己恐惧或出丑的场合；
- 持续在焦虑情况中出现以下过度反应：
    - 身体颤抖，甚至发软；
    - 呼吸困难；

– 无故感到害怕；

– 惊惶失措，忐忑不安；

– 心跳或心律不正常；

– 感到恐慌，害怕可怕的事情发生；

– 极度焦虑，希望立即摆脱该情况。

如前所述，当发现自己过度焦虑时，当然可以尝试本书介绍的自助方法。若过度焦虑的情况持续，最好还是约见专业人士如精神科医生或临床心理学家作临床诊断及治疗。

二、焦虑症的成因

讨论区

高材生

洛明生长在一个小康之家，父亲是公务员，母亲是教师，她是长女，有两个弟妹。父母自小就对洛明期望极高，严格督促她读书学习，又为她安排不同科目的补习课。洛明不负厚望，每年成绩都名列前茅，优异成绩成为她取得别人注意的主要途径。

到了高二那年，面对会考，洛明却感到压力很大，生怕考试失败会令父母、老师以及同学的期望彻底落空。在这个重要关头，洛明早于开考前半年便花很多时间复习功课，每天只睡三四个小时，停止一切娱乐活动。她本以为这样可以让自己准备得更好，却发现经常担心不已，出现失眠和胃痛等症状，连记忆力和注意力也大受影响。最终洛明的考试成绩与期望相差甚远，虽然母校勉强让她原校升读高三，但她自此变得郁郁寡欢，意志消沉。

想一想??

1. 你认为洛明是否已患上了焦虑症?
2. 她的焦虑问题始于何时，成因为何?

当你尝试回答以上问题时，你已经探索了一次焦虑症的远因和近因，以及令问题持续的因素。下面我们会为你逐一介绍焦虑症的各种成因。常见的因素可按其性质分为以下三类：潜伏因素、引发因素、持续因素。

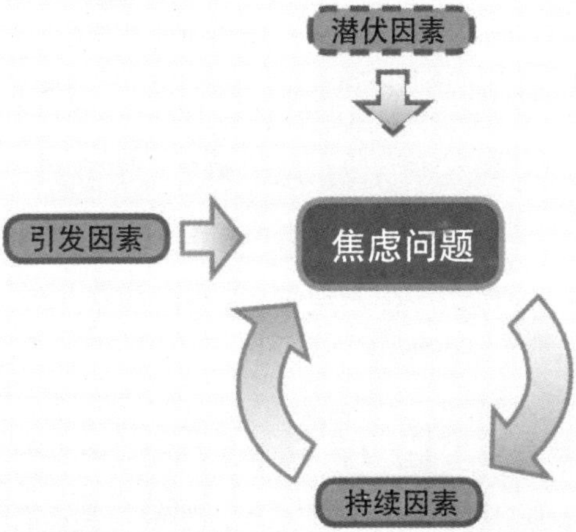

1. 潜伏因素

潜伏因素在焦虑症病发前较长一段时间已经存在，它会增加焦虑症病发的风险。请留意，某个潜伏因素存在并不代表焦虑症必然会发作。

以下是不同的潜伏因素。

1）先天因素

焦虑症会遗传吗？中国人常说“有其父必有其子”“虎父无犬子”。从母亲体内卵子受精那一刻开始，我们便继承了父母的独特基因，每个细胞都有一个遗传下来的基因程序。我们从一个细胞慢慢分裂生长，逐渐长大成为一个完整的人。科学界以孪生子作为研究遗传因素的方法，结果发现基因 100% 相同的孪生子，假如其中一个患有焦虑症，另一个患有焦虑症的概率是 30% 至 80%，比一般人高至少 3 倍。

焦虑症的遗传影响，并非指患者直接从父母身上遗传了焦虑症，而是遗传了较易引发焦虑症的脾性（Temperament）。从婴儿呱呱落地那一刻起，就不难发现，每个婴儿生下来都有自己的脾性。有些开朗宝宝很喜欢笑，有些好奇宝宝喜欢探索世界，有些焦虑宝宝总是容易受惊……未受后天经验熏陶的婴儿像一张白纸，却各有自己的脾性。

不同的脾性从何而来呢？其中一个解释是生理结构的不同。你焦虑时第一个反应是什么，心跳加速，呼吸加快，汗流浃背，面红耳赤？又或是你属于冷静型，很少感到焦躁？其实，每个人对焦虑的反应和程度都不相同，这取决于我们生理结构中的脑神经及荷尔蒙分泌系统。研究发现，这些系统过分敏感、性情焦躁的人，会比一般人更容易出现焦虑和压力问题。

提示你

即使先天因素增加患上焦虑症的机会，但不表示由此产生的焦虑症不能治愈。研究指出，脑部神经介质羟色胺（Serotonin，又名血清素）有助于情绪健康。某些人天生缺少羟色胺，患上焦虑症、抑郁症等情绪病的机会较大，但这不代表他们天生就会受到情绪的困扰，只要病人有决心并愿意努力，配合适当的治疗，就能左右病情的好坏。

2）成长背景

学习过程自出生那天已经开始，我们通过发生在自己身上的事情及观察周围发生的一切，自然而然地学习独特的行为及思想模式。对于一个小孩子来说，没有什么比家庭和学校的影响更大。假若你的父母容易紧张，终日坐立不安，每件事情都担心一场，又经常劝告你要凡事小心，久而久之，你可能会受到他们的言行影响，对自己和环境都缺乏信心和安全感。

一些焦虑症患者告诉我们，父母属于严厉型，哪怕他们只做错了很小的事，父母都会严加斥责，甚至打骂，让他们从小便提心吊胆，事事谨慎，以防受罚，慢慢发展成担心每件小事都会有危险，担心自己应付不来。这样的人长大后很容易焦虑，遇到小事也担忧不已，甚至会因缺乏自信而逃避应有的责任，以致表现欠佳，令焦虑问题恶化。

讨论区

失手

明宇就读于小学六年级，一向成绩优异，下学期就要参加升学考试。但他从本学期开始，便十分担心自己的考试表现，期末考试前一星期甚至连续失眠。因为精神太紧张，他考数学科目时，每道题都要验算四五次才安心，结果有四分一的试卷没有完成。考试结束后，明宇忍不住痛哭起来，辅导老师只好在一旁不断安慰。

明宇的父母从小就非常重视他的学业成绩，对他要求很严格。自幼儿园开始就让他上不同科目的补习班，不停地操练模拟试题。在升学考试临近时，明宇的父母不断地向他强调这次考试如何重要，会怎样影响他的前途，嘱咐他一定要全力以赴。

想一想

❶ 你认为明宇为何会在考试时表现失准?

❷ 明宇父母的态度和做法会对明宇的成长造成什么影响?

大家小时候有没有玩过橡皮筋？可曾有过强行用力，被扯断的橡皮筋回弹弄痛自己？每个人面对压力时，就像一根被拉伸的橡皮筋。我们每天都会面对不同的事情，每件事都有可能成为压力源。常见的压力有转换工作、经济问题、人际关系问题等。就算是一些“开心”的事诸如结婚、升职等，都会因需要事先计划和处理而构成压力。

当人受压时，会坐立不安、担忧、紧张或睡不着觉。当压力源头未消解而一再积累时，人就会愈来愈紧张，好像被拉得很紧的橡皮筋，一直处于敏感状态，再小的事情也可能带来很大的反应。每个人承受压力的能力都有限度，就像橡皮筋不能被无止境地拉伸，否则终有一天会断掉。所以，我们要知道自己能够承受的压力极限所在。

2. 引发因素

引发因素和潜伏因素不同，往往在焦虑症病发前一段短时间才出现。若你不知道自己的焦虑问题何时因何出现，可以试着问自己："焦虑症病发前一段时间，生活或环境中是否出现一些较大的改变？"很多时候，只要你细心一想，就不难发现引发焦虑症的一些事情或变化。只要好好了解该变化对自己的影响，然后加以适当处理，焦虑问题就可以迎刃而解。

下面为大家介绍一些常见的焦虑问题引发因素。

1）重大人生转变

"知否世事常变，变幻原是永恒。"这是香港电视剧《家变》同名主题曲中的一句歌词。人一生中需要经历不同的事情，少年时面对学业压力，毕业后投身社会和工作，一方面经历工作和经济的压力，另一方面开始组建家庭。年纪渐长，更要学会面对健康、亲友离世等问题。人生充满高低起伏，有喜有悲，这也让生活更加多姿多彩，但在生活中，我们需要不断地自我调节，去适应各种变化。如遇上重大转变，习惯的生活模式很容易被打乱，心理上一时间失去稳定性和安全感，焦虑症就可能趁机偷袭。

2）突发意外事件

突发意外是一种重大的人生转变。阅读新闻，我们不难发现，每天都有不同程度的意外事件发生，较常见的有交通意外、火灾、侵犯、袭击事件等，大规模的突发意外有天灾（如地震、海啸、台风）、恐怖袭击（如“9·11”、炸弹袭击）等。

这些事件都有一些共同点：

- 非一般人的普遍经历；
- 当事人在短时间内经历巨大的情绪反应，如强烈的恐惧和慌乱；
- 当事人感到自己或他人处于生死关头。

经历这类危险事件的人，很容易将自己的焦虑和恐惧跟意外情景中的事物联结，心理学称之为条件作用（Conditioning）。举例来说，一个曾在雨天发生车祸的人，每当在下雨天驾车或行经事故现场时，都会感到不安及焦虑。其实下雨和事故路段本身没有令人恐惧的能力，但通过意外事件的联结，这些事物会引起焦虑反应。除情绪反应外，经历意外或灾难的人，通常会出现观念上的改变，如感到生命脆弱，对生活失去安全感，对未来感到无力掌握，甚至失去希望。

3）药物或病变影响

除上述心理及环境因素外，当然不能忽略一些生理变化，如药物或病变影响，也有可能导致或加剧焦虑症状。常见的和焦虑症状有关的生理问题包括甲状腺机能亢进、出现于女性的经期前反应综合征、脑震荡后遗症、原发性高血压，或受某些物质如安非他命、可卡因或咖啡因引起的反应等。值得注意的是：并非所有有以上生理问题的人都会出现焦虑问题。当然，如果有疑问，最好是请教医生，找出问题的根源。

讨论区

高处不胜寒

德衡自从8个月前升职后，就觉得健康大不如前。他经常失眠，开会时不能集中精力，有好几次还差点儿被下属发现自己心不在焉。最近，在一个重要客户的见面会前，他不停地腹泻，结果需要同事代为出面，给客人介绍新产品。

德衡对自己的表现感到沮丧，难得自己由穷小子升上今日的高位，不明白为何身体如此不争气。他有时还会觉得，身体和脑袋好像不再属于自己，不听使唤。

想一想

你觉得德衡焦虑问题的引发点是什么，他焦虑的问题有多深、多长、多广？

3. 持续因素

假如我们懂得运用适当的方法去应对焦虑，问题便会得到解决。可惜很多人都没有正视自己的焦虑问题，甚至采取一些不恰当的方法，导致恶性循环，使问题一直持续，甚至加深。

以下是一些常见的持续因素。

1）逃避

人们感到焦虑时，经常会做的事情包括：

- 未接触问题前，会想尽办法逃避；
- 面对问题时尝试逃走；
- 寻找能给予安全感的人、地方或事物。

这些焦虑反应都与上文提到的条件作用有关。早在1960年，行为学派心理学家莫瑞尔（Mowrer）发表了“双因素学习理论”（Two-factor Learning Theory），阐述条件作用与焦虑问题的引发及持续关系。

该理论认为，动物或人类首先经由经典条件反射（classical conditioning）而习得恐惧，这是第一个阶段，情况就像上一节形容车祸后对某些事物产生恐惧的受害者一样。经过第一个阶段，第二个阶段是操作性条件反射（operant conditioning），即人的行为会因行为的后果而增加或减少。例如，有些小孩子努力温习功课（行为），然后获得好成绩（正面后果），以后便会更努力地学习（行为增加）；乱抛垃圾（行为）会遭到谴责和罚款（负面后果），于是以后便不再乱抛垃圾（行为减少）。

焦虑时不论是逃避或逃走，都能让人立刻远离恐惧，立即得到放松。在操作性条件反射中，焦虑的减轻（正面后果）令我们迅速得到这种逃避或逃走行为的好处。可是，当我们习惯每当焦虑时都逃避，遇到恐惧的事情时就更感束手无策，更加焦虑，逃避的倾向便会不断增加，造成恶性循环。由此可见，逃避或逃走行为是令焦虑持续及恶化的一大元凶。

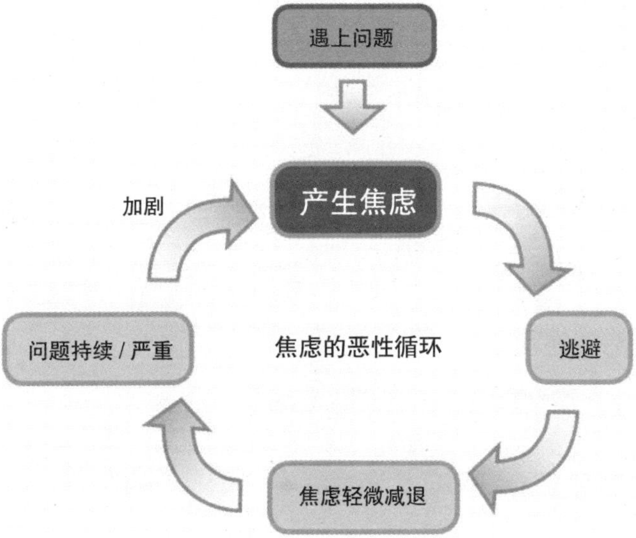

2）加深焦虑的思维模式

焦虑的人往往对问题抱有一套独特的想法，可以概括分成两大类。

- 问题严重化：将一般问题看得特别严重及危险。
- 自我渺小化：认为当问题发生时，自己一定应付不来。

明显地，有这类思维模式的人，情绪上会较其他人更容易紧张，面对恐惧时会较其他人更容易选择逃避，使问题得不到解决，然后进一步确定事情的严重性及自己的无能，焦虑思维模式更根深蒂固，使焦虑问题持续及恶化。

3）错误的策略

很多人都有玩“两人三足”的经验，若两人各自拔腿就跑，不跌倒才怪。面对焦虑，就像跟焦虑跑两人三足，刚开始要慢慢调节，取得默契后再加快速度。面对问题，焦虑的人一般相较平静的人会更心急。所谓“欲速则不达”，想以最短的时间跑到终点，解决问题，却没有想清楚可行的解决方法，到头来只会原地踏步，甚至弄得焦头烂额。

讨论区

安全不再

彦行一向是个乐观好动的青年，闲暇时间喜欢约朋友一起活动。他的生活本来很正常，但被一次意外打击改变了。约半年前一个晚上，回家途中，他在一条偏僻路上被两个匪徒抢劫。他为保财物，在挣扎中被刺伤小腹及腿部，留院治疗两个星期才渐渐痊愈。

虽然身体痊愈，但他内心的恐惧却是挥之不去。事后，彦行经常留意与犯罪案件有关的新闻，觉得社会治安愈来愈差，感到出门不大安全，害怕再次遇到袭击。渐渐地，彦行减少了社交活动，觉得家里最安全，对周围事物的兴趣大减。家人和朋友也察觉到彦行的改变，却找不到解决的方法，只好建议他寻求专业治疗。

想一想

你认为彦行是否患有焦虑症，引发因素是什么，持续因素又是什么呢?

4）缺乏均衡生活

我们要有均衡的生活，包括健康的人际关系、稳定的工作，以及适当的兴趣和娱乐。虽然家庭、友谊、工作都会有起伏的时候，并非完全掌握在自已手中。不过，遇到压力时，尽量维持有规律的生活和轻松的活动，无疑能增强我们的抗压能力。

假如缺乏轻松愉快的活动，你只会过分集中于问题上，紧张的情绪得不到休息，便会“钻牛角尖”。相反，轻松的活动除了让精神和身体放松之外，活动的过程还可以让你对人生及现实生活另有一番体会。

实战区

你的生活均衡吗

工作不是人生的唯一，每个人都需要与家人相聚、交友和休憩。试给以下项目打分，你可以选择0至100分之间的任何一个分数，以反映你愿意在那种事情上花多少时间。愿意花很多时间的是100分，不愿花时间的是0分。

家庭生活

工作 / 事业

金钱

健康

做义工 / 帮助别人

娱乐

宗教信仰

兴趣

子女

学习新事物

其他

请粗略估计一下你每周的时间分配。

活动	时间	活动	时间
看电视	小时		小时
和家人交谈	小时		小时
与朋友相聚	小时		小时
做家务	小时		小时
上网	小时		小时
上班	小时		小时

你发现自己看重的是什么？怎样才可以有一个均衡的生活模式呢？

可能你会惊讶地发现，自己用了这么多时间看电视和上网，给家人和朋友却分配这么少的时间。今后，你可以多留意自己如何运用时间，提醒自己要过比较均衡的生活。

5）缺乏社交支援

马戏班中常有“走钢丝”和“空中飞人”的表演节目，除非表演者视死如归，不然台下一定会架起一张安全网。社交支援就像人生中的安全网，它不仅给予我们安全感，更能在跌倒时支撑我们，就像上一代经常提及的生活中左右邻里守望相助的情景。

虽然现今城市化进程持续加速，社会飞速发展，但人们始终不能否认自己是群体动物。尤其在遇到问题时，人际间的支援（实质的如金钱或其他生活必需品，非实质的如宝贵的意见或心理上的支持）就显得十分重要。缺乏社交支援的人会缺少安全和稳定的感觉，让焦虑加剧。缺乏别人帮忙，问题也会持续。

告诉你

请勿触摸？

第二次世界大战结束后，欧洲出现大量孤儿，他们被安排进入大型孤儿院。由于孤儿太多，护士刚喂饱他们，又要立刻替他们换尿布。这样一轮接一轮的工作，让工作人员没有喘息的机会，更不用说去抚摸、爱抚一下宝宝了。孤儿院提供了安稳的环境、充足的食物和水，但仍有大量孤儿离奇死亡。经学者追查，发现这些婴儿的死因竟是缺乏别人的触摸！

后来，心理学家蒂凡尼·菲尔德（Tiffany Field）进一步研究发现，那些定期接受按摩的婴儿，会比很少接受按摩的婴儿重，他们的压力荷尔蒙较少，焦虑感较轻。研究也指出，亲人的接触能让我们减轻痛楚，产生较强的免疫力，增强亲密感。

想一想，你有多久没有紧握伴侣的手来表示自己珍惜对方？有多久没有替父母亲按摩肩膊？有多久没有轻按子女肩头以示支持？不只电影里有特异功能的人才有徒手医治病人的能力，我们的触摸也一样可以纾解至亲不安的情绪。

三、结语

潜伏因素、引发因素和持续因素三者之间的关系，可以用下面的例子来阐释：在风暴中，我们不时都会听到某某地区有大树倒下的消息。一棵经年累月屹立不倒的大树倒下，风暴只是一个引发因素。引发因素的背后可能还存在一些潜伏因素，如土壤流失和营养不足，导致大树长期积弱和生病。缺乏妥善保护和防风措施等，也会增加大树倒下的风险。以上因素除了发挥潜伏作用外，也可能令问题持续。

要防止树木倒下，就要全面了解并针对让问题持续的因素，作出改善，包括加装金属支架固定树身，增加检查次数，做足防风及保护措施等。从以上例子可见，了解焦虑问题背后的成因，无论对临床治疗或患者自助，意义都非常重要。

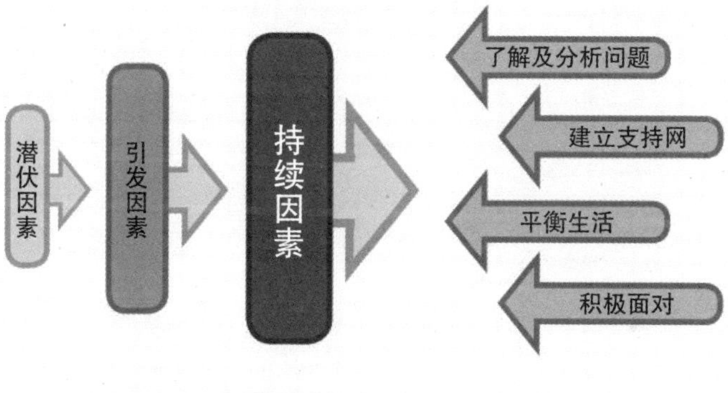

认识焦虑症的成因之后，下一章我们会为大家详细介绍不同种类的焦虑症和它们的特点。

实战区

自我探索：我的焦虑发展时间表

试写出有可能导致你焦虑的事件和原因：

日期	事件	潜伏 / 引发 / 持续因素

请尝试分析你的焦虑问题的引发点及严重程度。

引发点：______

______

______

______

______

______

深度：________________________________

____

____

长度：________________________________

____

____

广度：________________________________

____

____

参考资料

【1】Barlow D H.2002.Anxiety and Its Disorders: The Nature and Treatment of Anxiety and Panic[M].New York:Guilford Press.

【2】Bourne E J.2005.The Anxiety & Phobia Workbook（4th Ed.）[M].Oakland, CA: New Harbinger Publications, Inc.

【3】Field T.2006.Massage Therapy Research[M].Miami:Elsevier Health Sciences.

【4】Mowrer O H.1960.Learning Theory and Behavior[M].New York:Wiley.

第三章　焦虑症的分类

专业人士会用系统的方法将不同的焦虑问题分类，情况就像一个家族里面不同的成员一样。“焦虑症”就像这个家族的姓氏。

一、认识焦虑家族

如果有人问你，焦虑、惊恐和恐惧有何分别？相信一时间你很难回答。近年来，传媒愈来愈多地提及不同的专业名词，如“焦虑症”“惊恐症”“恐惧症”等。为方便大家理解及沟通，专业人士会用系统的方法将不同的焦虑问题分类，情况就像一个家族里面不同的成员一样。“焦虑症”就像这个家族的姓氏，家里住着不同名字的成员，现在就让我们一起认识这个焦虑大家族吧！（以下分类乃参考常用的美国精神医学会《精神疾病诊断准则手册》DSM-IV-TR）

焦虑家族成员（排名不分先后）

- 突然恐慌的惊恐症（Panic Disorder）。
- 只此一惊的恐惧症（Specific Phobia）。
- 人言可畏的社交焦虑症（Social Anxiety Disorder/ Social Phobia）。
- 重重复复的强迫症（Obsessive-Compulsive Disorder）。
- 失去安全感的创伤后压力症（Trauma-related Anxiety Problem: Acute Stress Disorder / Post-traumatic Stress Disorder）。
- 凡事担心不已的广泛性焦虑症（Generalized Anxiety Disorder）。

- 其他可能导致焦虑问题出现的情况，如身体毛病、药物影响等。

告诉你

焦虑的生活

一项综合近10年有关焦虑症对整体生活质量（quality of life）影响的报告指出，焦虑症患者感到自己的生活质量比一般人低。他们表示，在生活各方面都不能享受与其他人相同的质量，包括整体健康、人际关系、工作以及家庭方面等。

一个在加拿大进行的调查发现，大约三成患上社交焦虑症的人认为自己的健康情况普通或恶劣，相比其他受访者多出一成三，患者接受社会经济援助的比例较其他人多一倍，超过五分一的患者不满意自己的生活。由此可见，焦虑问题若得不到正视，长远来看，对生活各个方面都有影响。如果你想过一个健康的人生，焦虑问题就不容忽视。

1. 突然恐慌——惊恐症（Panic Disorder）和恐慌袭击（Panic Attack）

你尝试过在10分钟内出现至少四种下列症状吗？

☐ 混乱而急速的心跳

☐ 窒息、难以呼吸

☐ 胸口不适

☐ 不真实的感觉

☐ 发抖

☐ 骤冷或骤热

☐ 觉得自己快要死了，控制不了自己

☐ 肌肉发麻或刺痛

☐ 冒汗

☐ 晕眩

若有，你可能已经体验过恐慌袭击了。恐慌袭击指突如其来的恐慌及不安感，伴随而来的是实时的强烈身心反应（如上所述）。请留意，若你曾出现过恐慌袭击反应，并不代表你已患上惊恐症。患有惊恐症的病人不只是一次遇到恐慌袭击，而是会持续忧虑恐慌袭击在毫无防备的情况下出现，带来恐怖的负面后果，如心脏病发作、窒息、当场休克或晕倒，或当众出丑甚至猝死，这些忧虑严重影响人们的日常生活。

讨论区

健康最重要

淑芬刚过了52岁生日，虽然身体一向健康，但已感到自己不年轻，到了要更加注重健康的年龄了。淑芬上个月加入了健身会，有空就去做运动。这次她像往常一样跑步，为了燃烧更多的脂肪，刚开始就马上把跑步机调至较快的速度。起初她的心跳不断加快，她还以为这是跑步引起的正常反应。但当她离开跑步机后，心跳还是非常急速。淑芬害怕自己可能快要死掉，觉得呼吸愈来愈困难，心脏跳动越来越激烈，像是快要爆炸了，最后健身房的工作人员替她叫来了救护车。

原来两个月前，淑芬和朋友打麻将，其中一位好友突然心脏病发作，这件事令淑芬不知不觉间开始担心自己的身体健康。一个小小的提示如心跳加快，已令淑芬坠入自己设下的心理圈套，以为心跳加速和心脏病有关，由此引发一连串恐慌袭击反应。

想一想???

你认为什么原因引起淑芬的心跳反应，又是什么原因令她的身体反应加剧?

面对突如其来的失控感，很多惊恐症患者会采取一系列措施，努力避免最坏的情况发生。常见的如避免到可能出现恐慌袭击的地方，或外出时做好准备，找人陪伴或自备一些能令自己安定下来的东西，又或当有生理反应时，第一时间逃离现场。可以想象，以上种种行为，会令患者的生活习惯发生改变，影响日常起居作息。

有部分惊恐症患者甚至还会出现广场恐惧症，逃避行为变得广泛和难以控制。他们害怕到一些自己心理上觉得被困而不能实时离开，或离开时会出现尴尬场面的地方，如闹市、戏院、理发店、看牙医、排队、坐车等，严重者更可能终日足不出户。

告诉你

广场恐惧症（Agoraphobia）

“Agoraphobia”这个词由希腊文演变过来。如果你到过希腊首都雅典，可能去过一个名叫“Ancient Agora”的地方，意即古代广场，这是古时大哲学家如苏格拉底和柏拉图向人们演讲或互相辩论的地方。“Agora”在希腊文中即“广场”的意思，“Phobia”一词源于“恐惧”的希腊文“Phobos”，二者加起来，就是“广场恐惧症”（Agoraphobia）。

2. 只此一惊——恐惧症（Specific Phobia）

恐惧症患者会对某种事物或情况持续出现强烈的恐惧反应。和惊恐症相比，恐惧症患者是害怕该事物或情况本身，并非像惊恐症患者那样担忧出现焦虑反应及其后果。

以下列举几种较常见的恐惧症种类。

动物类：常见的有怕蜘蛛、怕蛇、怕老鼠等，这类恐惧多在童年时期开始出现。

自然环境类：常见有恐高、怕水、怕打雷闪电等。

血液 / 注射 / 损伤类：对血液或损伤、接受注射或其他侵入性医疗方法产生恐惧。此类患者通常有强烈的心血管反应，恐惧时容易感到头晕，甚至会因为血压骤降而晕倒。

处境类：如惧怕身处隧道、电梯、飞机或车厢等。此类处境会令患者忧虑身处幽闭空间或出现紧急状况时难以实时离开。

从你的日常接触中，是否察觉有人对铅笔、手机或牛仔裤之类的物品产生恐惧？心理学家马丁·塞利格曼（Martin Seligman）解释，由于生理机制内在的自我保护本能，人类对某些自然危险（如猛兽、害虫、伤亡事故、危险地方）较易及较快产生恐惧反应而尽快寻求安全。恐惧症患者的问题在于其恐惧反应过分强烈，以致带来困扰，严重影响正常的生活。

临床发现，恐惧症患者相较其他焦虑症患者更少求诊。由于恐惧症影响的范围较窄，很多患者都能通过刻意避开令自己恐惧的东西，继续过正常生活，因此，寻求协助的患者多为生活中必须面对该情况，或真的希望问题得到解决。

告诉你

恐惧排行榜

根据不同的研究和调查发现，最令人恐惧的十大事物包括：

第 1 位 蛇	第 6 位 被困在窄小的地方
第 2 位 公开演讲	第 7 位 蜘蛛和昆虫
第 3 位 高	第 8 位 打雷闪电
第 4 位 啮齿类动物，如老鼠	第 9 位 在深夜中独自一人
第 5 位 飞行	第 10 位 狗

大多数人之所以恐惧以上事物，是因为害怕它们会威胁自己的生命安全。有趣的是，人们害怕闪电、毒蛇和飞机多于汽车，但我们因以上事物而死亡的概率极低，甚至远低于因汽车交通

意外的死亡率，可见人们的主观恐惧与客观上该事物带来危险的概率往往有一段距离。

直接因以下事物死亡的机会：

闪电	二亿五千万分之一
毒蛇，有毒的蜥蜴和蜘蛛	七十万分之一
飞机或空中交通意外	五千分之一
汽车交通意外	八十一分之一

3. 人言可畏——社交焦虑症（Social Anxiety Disorder / Social Phobia）

社交焦虑症患者担心别人对自己产生负面的评价和看法。在社交场合，尤其面对陌生人，或要向一大群人说话时，当事人会感到难以自处，出现焦虑反应，如面红耳赤、紧张、说话不流畅等。社交焦虑症患者大多缺乏自信，害怕讲错话或表现欠自然，以致令别人对自己产生负面印象。患者会逃避出席社交活动，或出席时不能表现自然。他们也不能集中于谈话的主题，反而过分留意一些无关紧要的因素，如自己的说话速度、流畅性、其他人的面部表情等。

其实，很多社交焦虑症患者并非没有兴趣与人交往，只是因为他们过分在意别人对自己的看法，因此产生强烈的焦虑反应。社交焦虑反应其实相当普遍，相信很多人（包括我和大家在内）都会在公开讲话、出席会议或认识新朋友时感到焦虑。

若这种焦虑问题严重影响正常的社交及工作，就有可能是患上社交焦虑症了。

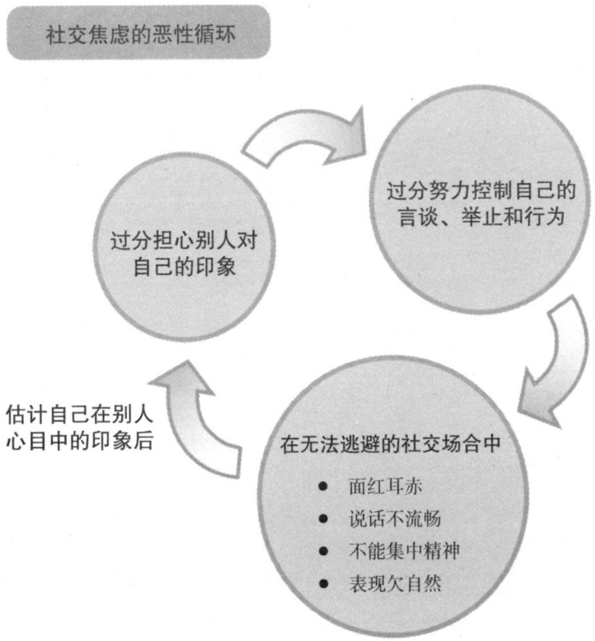

4. 重重复复——强迫症（Obsessive-Compulsive Disorder）

强迫症，简称OCD。患者会有突然而又重复出现的念头、思想或冲动（obsession）。这些念头挥之不去，造成极度不安和焦虑，最后患者需要通过重复一些无助解决问题的行为或想法（compulsion）去减轻这种焦虑。

（1）强迫观念（Obsession）。很多人刚刚出门，才想起自己可能没有关好水龙头，要回头再检查一次，强迫观念就是把这种恐惧过分扩展。通常患者因为害怕自己的想法或行为（甚至没有做的事情）会为自己和身边的人带来厄运，因而产生强烈的焦虑和负罪感。

强迫观念可能涉及感染细菌的恐惧、涉及性的影像、自己伤害他人的冲动，或害怕离家前没有将水龙头或炉火关上等念头。

（2）强迫行为（Compulsion）。重复及强迫行为的作用在于消除之前的强迫观念带来的影响，就好像计算机的“撤销键”（undo）一样，把刚刚发生过的事情抹去，以减轻强迫观念带来的焦虑。强迫行为的例子如不停地重复洗手及清洁、检查各种会引发危险的物件如利器、炉具和电源，以及想一些中性或正面的事如数数字、好人好事等。虽然强迫行为能带来一时的放松，但长期反复的行为却会令自己被强迫观念牵制，最终加剧焦虑。

强迫症是一个很耗时的病症，不少患者将自己的生活集中在强迫行为的问题上，甚至每天花上数小时的时间重复进行强迫行为。其实，很多强迫症患者理性上都能意识到自己的担心和做法并不合理，但又不能用自己的意志去克服强迫观念，造成自我冲突和矛盾，严重者还会出现抑郁的情绪。

讨论区

非常妈妈

洁文自从生了小孩儿后，就开始害怕周围的环境不够清洁卫生，对孩子的健康造成威胁。她十分害怕自己身上的细菌会传染到孩子身上，所以从早到晚不停地洗手。她也害怕不洁的餐具会令小朋友生病，觉得只有家里的食物和器具才是最安全的，孩子再饿也要回到家再吃饭。

她对卫生的要求愈来愈极端，要求丈夫回家后立刻沐浴更衣，然后自己把家里消毒一次。刚开始，丈夫也尽量容忍洁文的行为，认为她只是担心孩子，但渐渐发觉她的情况已到了无法忍受的地步。

想一想

洁文有什么强迫观念和强迫行为呢?

5. 失去安全感——创伤后焦虑问题（Trauma-related Anxiety Problem: Acute Stress Disorder / Post-traumatic Stress Disorder）

第一次世界大战后，不同国家的军人都不断地出现战后身心反应，例如容易疲累、反应缓慢、长期焦虑、经常重复回想战时的情境等。这些反应开始引起心理学家对创伤后心理问题的关注，研究天灾人祸这些创伤事件带来的心理影响。

人类经历天灾人祸时出现恐惧、压力和无助感实属正常和自然，经过一段时间后，这些情绪会慢慢平复过来。可是，部分人会有过分强烈的短期反应，引起严重的焦虑问题（急性压力症，Acute Stress Disorder）；也有部分人有太长的压力反应（创伤后压力症，Post-traumatic Stress Disorder），持续四至六个星期甚至更长时间，对身心造成伤害。

灾难意外中，常涉及生死和伤亡的场面。事故后，患者未能消除当时过分强烈的情绪，脑海中不时浮现意外时的画面。当他们再次接触与事件有关的情况时，会触发他们对创伤的联想，引起强烈的反应和情绪不安。因此，有创伤后焦虑问题的人，会避免接触和该事件有关的情况，例如海啸生还者逃避听到海浪声，车祸生还者害怕乘坐交通工具。日常生活中，他们担忧会再次遭遇同类创伤事件，精神常处于紧张状态，以致肌肉紧张、睡眠质量变差。有些患者甚至对人生和将来失去安全感，失去动力，对家庭、社交和工作也不再感兴趣。

6. 担心不已——广泛性焦虑症（Generalized Anxiety Disorder）

顾名思义，广泛性焦虑症患者对日常生活中的很多事情都过分忧虑，觉得最差的情况任何时候都可能发生，而自己又一定应付不来。他们的忧虑多围绕一些日常生活问题，例如健康、家庭和工作等。他们长时间处于焦虑状态，感到紧张和坐立不安，很难集中精神做事，不能停下来放松自己。广泛性焦虑症患者常会做很多不同的事情，或希望凡事做到最好，以避免及防止自己担心的情况发生。

虽然广泛性焦虑症和恐惧症在定义上不同，但一些心理学家认为，广泛性焦虑症其实是恐惧症（特定恐惧）推而广之，由对一些特定事物的恐惧，变为对多种事情的恐惧。广泛性焦虑症中，最常见的忧虑包括对失去控制感的恐惧、对失败的恐惧、对被排斥或遗弃的恐惧，和对死亡与疾病的恐惧等。

7. 其他可能导致焦虑问题的情况

此类焦虑症主要源于一些生理问题，如身体毛病及药物影响等。常见的与焦虑问题有关的身体毛病有内分泌问题（甲状腺机能亢进或减退、血糖过少）、心血管问题（充血性心力衰竭、肺动脉栓塞）、新陈代谢问题（缺乏维生素 B12）、脑神经问题（前庭系统问题、脑炎）。药物影响而引发焦虑的原因包括滥用药物、服用医疗药物后的副作用和接触到有毒物质。如遇以上情况，最好先请医生作详细的身体检查，找出问题根源，再安排进一步的措施。

二、焦虑症带来的烦恼

当你发现自己有焦虑症，第一个遇到的问题，当然是心理上的困扰和不安。除此之外，焦虑症还会为生活带来不同的问题和影响：焦虑带来身体毛病（如高血压、头痛问题、肠胃症状等），这些情况已不是一项新发现。长期焦虑会影响身体的不同机能，如心脏机能、免疫机能甚至脑功能。焦虑总离不开压力，长期压力已被证实和很多疾病有关，如心脏病和癌症。

除了健康，焦虑也影响人们的学业或工作表现。焦虑让人过分担忧，难以集中精神，犯错增加。有时因过分小心紧张，会花费大量时间和精力去避免犯错，反而影响效率。焦虑症通常都会带来身体毛病，如焦虑问题得不到正确的诊断和检查，使患者因身体毛病求医的次数增加，得不到恰当的治疗，会造成医疗支出增加。

除了影响自己，焦虑问题也可能会影响下一代。孩子会通过观察父母的行为和思想模式，不断地模仿学习。研究发现，焦虑父母的孩子比一般人有较大概率出现焦虑。除了影响子女外，因焦虑产生的逃避行为，还会造成很多生活上的限制，让人不能正常地生活。

告诉你

焦虑症账单

焦虑症患者比其他人平均看医生的次数多出三至五倍。根据一份刊登在临床精神病学杂志（Journal of Clinical Psychiatry）的报告指出，焦虑症比任何一种情绪病耗费的金钱更多，在美国约占医疗开支的三分之一，金额估计达 420 亿美元。

其中的开支包括：

- 重复不必要的医疗程序（单是这一项就占了大约 230 亿美元）

- 药物治疗
- 医护治疗
- 住院
- 因焦虑症而降低的生产力

三、结语

虽然前面将不同的焦虑症大致分类，但现实中的焦虑问题有时并非这样容易区别，几种焦虑问题集中于同一患者的情况并不罕见。一个针对惊恐症的研究发现，惊恐症患者中，15% 至 30% 有社交焦虑症，10% 至 20% 有恐惧症，25% 有广泛性焦虑症，8% 至 10% 有强迫症。

如发现自己的焦虑情况与超过一种焦虑症相似，不必感到害怕。如希望进一步了解自己是否有焦虑症或患上哪种焦虑症，最佳方法是寻求专业人士（如精神科医生和临床心理学家）的协助，为你的情况作临床评估和诊断，安排适当的治疗。

虽然焦虑问题种类繁多，变化多样，却都离不开最根本的问题——焦虑情绪。本书的目的在于提升读者对焦虑情绪的基本了解，以及运用相关的技巧加以处理。若大家要处理的是某一个焦虑问题，甚至是焦虑症，当然可以尝试运用本书的内容，但这里建议大家先跟治疗师商讨如何运用本书作为治疗焦虑症的工具。

实战区

自我探索：我的焦虑发展时间表

试写出有可能导致你焦虑的事件和原因：

试在表格中填写哪些情况会令你感到焦虑，并列出相关的反应。这个表格将助你更明确了解自己的焦虑情况，以学习自助方法改善焦虑。

令我感到焦虑的情况	焦虑指数 1~10（10为最严重，1为最不严重）	我的反应（包括思想、身体和行为）

参考资料

【1】American Psychiatric Association.2000. Diagnostic and Statistical Manual of Mental Disorders （Fourth Edition, Text Revision）[M].Washington: American Psychiatric Association.

【2】Barlow D H.2002.Anxiety and Its Disorders: The Nature and Treatment of Anxiety and Panic[M].New York:Guilford Press.

【3】Beck A T,Steer R A.1993.Manual for the Beck Depression Inventory[M].San Antonio,TX:The Psychological Corporation.

【4】Greenberg P E,Sisitsky T,Kessler R C,et al.1999.The economic burden of anxiety disorders in the 1990s[J].Journal of Clinical Psychiatry,60（7）:427–435.

【5】Olatunji B O,Cisler J M,Tolin D F.2007.Quality of life in the anxiety disorders:A meta–analytic review[J].Clinical Psychology Review,27: 572–581.

【6】Seligman M E P.1971.Phobias and preparedness[J].Behavior Therapy,2: 307–321.

【7】The Canadian Community Health Survey.2005.How healthy are Canadians [EB/OL].[2008–02–26].http://umanitoba.ca/libraries/units/datalib/cchs.htm.

第四章　焦虑治疗与自助

情绪自助是对抗焦虑问题重要的一环，甚至在心理治疗中也是不可或缺的一部分。不论你的焦虑问题有多严重，学习和掌握情绪自助的方法都于你有益。

一、治疗焦虑症的方法

假如你患上第三章介绍的其中一种焦虑症，应尽快寻求专业治疗或协助。当然，你也可以通过学习和掌握本书提供的自助方法，来改善你的焦虑状况。焦虑治疗以药物和心理治疗为主，以下将为大家逐一介绍。

1. 药物治疗

治疗焦虑症的主要药物是抗焦虑剂，剂量因人而异，主要根据药物种类、患者的身体状况、年龄、体重等来决定（详见附录：抗焦虑药物治疗点滴）。医生不单提供药物治疗，还会为求诊者作全面的病况评估，了解焦虑的成因及程度，并在需要的时候给出相应的治疗转介。

求医途径包括：

（1）社区医生。很多人遇有轻微病患或希望作初步诊治时，便到社区求医。医治焦虑问题同样可向这类医生寻求协助。近年来有一部分社区医生也接受了短期及持续的培训，学习医治情绪病。当然，社区医生会判断患者的病情，考虑转介相关医院的精神科医生，作更适合的治疗。

（2）公立医院。即预约排队接受诊疗。公立医院的医生跟社区医生作用相仿，医生若发现患者病情严重，就会转介其他专科诊治。

（3）精神科医生。即专科医生，他们治疗精神问题的临床经验，以及对精神科药物的认识都较丰富。大部分精神科医生在公立医院工作，病人可在精神科门诊部约见诊治。私人执业的精神科医生,同样可以为患者提供治疗或转介其他医生,轮候时间较快,但费用相对较高。特别需要一提的是，部分医生也会在治疗时运用心理治疗技巧减轻患者的情绪症状。

2. 心理治疗及心理辅导

心理治疗的目的是帮助焦虑症患者了解引发焦虑的成因、减少对生活的影响和学习处理方法。治疗目的包括：

（1）接纳和疏导负面情绪；

（2）学习新的技巧和生活模式，借此改善焦虑情绪及解决困难；

（3）改变固有的负面思考方法和行为。

治疗方法以对话为主，有时也会辅以笔录及实践练习来加强效果。治疗人员通常会在一个安全和保密的环境下，与接受心理治疗的对象探讨以下内容：

- 成长经历
- 人际关系
- 深刻 / 别具意义的经历
- 负面的思想与行为模式

- 自我形象和自信心
- 处理压力和情绪的态度与方法
- 生命的方向和意义

治疗人员的角色有别于家人或朋友，他们在治疗过程中会运用心理技巧，协助求助人客观全面地了解问题的症结，并期望达到理想的改变。

提供心理治疗的专业人员包括以下几种。

（1）心理咨询师：提供心理咨询服务的心理咨询师要求拥有相关的执业证书，对心理适应方面存在问题的求助者可以提供相应的心理援助。心理咨询师一般通过语言文字与求助者交流、询问与商讨，以找出引起心理问题的原因，分析问题的症结，进而寻求摆脱困境、解决问题的方法和对策，以便求助者恢复心理平衡，提高对环境的适应能力，增进身心健康。不同的心理咨询师有各自的专长，一般不具备提供各种心理问题诊疗策略的能力。如求助者问题严重，他们一般会转介更专业的临床心理学家或精神科医生进行诊治。

（2）临床心理学家：必须持有本地认可的临床心理学硕士或以上学历。临床心理学是一门应用心理学专科。临床心理服务以心理学理论、科学研究和临床经验作为治疗的基础，主要提供有关精神健康的评估和治疗。为保障个人权益，寻找临床心理服务时，应审慎留意执业人士的专业资格。

（3）**精神科医生：**精神科医生和部分曾受精神科训练的家庭医生，也会为求诊者提供心理辅导与治疗，并在有需要时提供药物治疗。

提示你

选择合适的治疗人员时，必须留意两种情况

（1）治疗理念与手法：有些治疗人员或擅长某类心理治疗法，例如家庭治疗师集中处理家人互动关系，运用认知治疗法的人员则主要处理习惯性负面思考模式等。患者在接受治疗前，宜多了解治疗的主要手法，以便选择合适的治疗人员。

（2）互信和合作的关系：心理治疗的时间有长有短，成功因素涉及多方面，包括患者问题的复杂程度、对治疗的反应和其他因素（如个人渴求改变的决心、药物反应、社交支援的强弱等）。不论使用哪种疗法，最重要的是患者与治疗人员必须建立互信和合作的关系，再加耐性和决心，愿意坦诚地探讨问题，才能逐步处理情绪困扰。

二、焦虑情绪自疗

情绪自助是对抗焦虑问题重要的一环，甚至在心理治疗中也是不可或缺的要素。**不论你的焦虑问题多严重，学习和掌握情绪自助的方法都于你有益。**

值得强调的是，即使你没有患上焦虑症，并不代表你不会受焦虑问题困扰。有些人经常感到紧张或忧虑，但严重程度可能未演变成情绪病，可是生活的满足感和愉快情绪会大打折扣。这种未成“症”却造成负面影响的情况其实相当普遍，大大影响我们的生活质量。

预防胜于治疗，若能发现自己有焦虑的倾向或经常受这种情绪影响，并依本书建议的方法去做，必可改善（当然，假使经过一段时间的努力，你的焦虑问题仍未见改善，应立即寻求专业协助或治疗）。

大多数人都有一种安于现状的倾向，提起“改变”总是令人感到不安，甚至焦虑。然而，成长就是改变，这个可以是正面的经验，其中虽有艰辛，但也有愉快满足的一面。就如幼儿学步一样，由多次尝试失败到最终成功地走路，那份满足的自豪感觉是美妙的。所以，不必害怕改变，只要找到正确有效的途径，自然可以把自己的情绪掌握得更好。

三、焦虑的迷思

情绪自疗的过程中，首先要解决心中对改善焦虑的疑问。现在让我们为大家逐一澄清和探讨一些常见的有关焦虑的迷思。

1. 焦虑是天生的，不可能改变

你可能认为焦虑是与生俱来的情绪，是遗传因素造成的，你天生就是个易焦虑或情绪化的人，努力改变也是徒然。这种想法只是对了一半。心理学研究指出，**遗传因素对情绪的影响最多只**

占五成，另外约四成是你自己可以选择和控制的（另有一成是环境现实因素）。如果你善用这四成的能力，学习掌握有效的方法，你的情绪自控力将会大大改善。

2. 我的焦虑问题是环境造成的

也许你认为自己的焦虑是由环境造成的，例如你的工作压力很大、面临失业、经济拮据，或是人际关系很差，经常与人产生摩擦，导致自己精神紧张，又或者你害怕身体健康出现问题，担心患上重病。最糟糕的想法是假设自己的情绪问题是别人的过错或责任引发的，这样的想法等于把自己“心情幸福感”的主权交了出去。其实，最清楚了解自己感受的人是自己，所以“心情幸福感”也该由自己来掌握。

外在环境因素固然会影响人们的心情，但影响的程度有多少，在于你的主观理解和相应的行动。有人会因一次考试失败而气馁和放弃，也有人会再接再厉重新面对，直至考出理想的成绩，还有人会借此机会重新思考自己的人生目标，活出更精彩的人生。不论现实如何，怎样回应现实才是影响我们情绪的关键。

3. 焦虑不受我控制

很多人以为焦虑纯粹是主观感觉，不受自我控制。它自然而来，自然而去，能够拿它怎么样呢？甚至有时候越提醒自己不要紧张，心情反而越紧张。到底情绪是否真的不受控制呢？

诚然，**情绪通常是不能直接控制的，甚至越想控制反而越糟**

糕的例子俯拾皆是，但这不代表世上没有调整心情的方法。本书就是希望让大家训练自己，掌握这些方法。这些方法大多是通过处理自己的想法和行为来达到目的，这样比直接改变情绪容易得多。只要多加练习，自然就会见效。

4. 改变情绪要付出很大代价

别把改变情绪的难度夸大了。记住：焦虑的一个思维特征，就是将难处放大，并将自己的能力看小。物理学上，一件物体因受力而移动时，初期先要有较大的起动力来克服“惯性”（inertia）状态。任何改变在起步时都会有些阻力，心理活动也一样。第一步行动往往是最艰难的，起步后渐渐就不用费太多气力了。**所谓“万事开头难”，只要明白和克服这个心理，接下来的道路就会平坦得多了。**

告诉你

转变的五个阶段

美国心理学教授普罗察斯卡（Prochaska）根据他对戒掉成瘾的研究，建立了人在转变时经历不同阶段的模式（Stages of Change Model），被广泛应用于处理不同问题上。这套理论说明，没有人能在一夜之间作出天翻地覆的改变，改变需要经过一连串的不同阶段。在不同阶段须面对不同的问题。

这五个阶段包括：

（1）改变前期（Precontemplation）

虽然问题已经出现，但当事人还不肯承认，他们会逃避现实，否定问题的存在。

（2）思考期（Contemplation）

开始正视问题，想到问题带来的后果。这时人们会衡量改变带来的好处和坏处，心中七上八下，在问题带来的恶果和改变所需的付出之中挣扎。虽然如此，在这个阶段的人会比较开放，愿意听取有关改变的信息。

（3）准备期（Preparation / Determination）

经过之前的思考，开始肯定自己需要改变，为改变作出准备，搜集有关改变的资料，进行计划。

（4）行动（Action / Will power）

开始改变的行为，这个阶段可长可短，涉及前一个阶段所作的计划。

（5）维持（Maintenance）

改变并不容易，不时都会有诱惑叫自己重回旧路。这时需要努力维持已作出的改变，不断鼓励自己忍耐和坚持。在这个阶段也要提醒自己，改变不可能一蹴而就。在行动阶段过后，感到难以坚持是自然的，但这并不代表一定要走回头路。有些人在这个阶段坚持不下来，恢复原貌，就会感到气馁，不再尝试任何改变，所以这个阶段可以说是最重要的一步。其实稍有差池而故态复萌，并不等于完全失败，尝试后得到的教训，反而增强了自己的经验，帮助自己再在第三阶段重新出发。

思考一下，面对焦虑的问题，你现在处于哪一个阶段呢？怎样才可以进入下一个阶段呢？

四、应付焦虑的错误方法

焦虑是一种叫人难受不安的情绪，大家当然希望消除这种情绪。但若采取了错误的方法，效果不但不理想，甚至会令问题变得复杂。有些错误方法是似是而非的，其弊处叫人不易察觉。常见的有以下几点。

1. 逃避所惧怕的

焦虑既是让人痛苦的情绪，我们自然很想逃避让自己产生焦虑的情况和事物，以此来控制焦虑。例如有广场恐惧症的人会尽量避免到人多的地方，社交焦虑症患者避免出席社交场合如宴会等，强迫症患者尽量避免接触“不洁”的东西。

很多时候我们都以为这样就可以解决焦虑问题了，事实刚好相反，焦虑问题只会愈来愈加深，而且**逃避行为会进一步增强你错误的信念，让人更相信自己没有能力应付和克服所惧怕的东西。**所以，逃避行为往往是克服焦虑过程中首先需要处理的问题。

2. 过分依赖别人的安慰

很多有焦虑问题的朋友都喜欢从身边的人那里寻找安慰，借助他们的保证和肯定来让自己安心一些。例如，不断重复检查是否出错的强迫症患者，会要求别人向他保证一切都很稳妥，没有任何隐患问题。惊恐症患者则可能要求亲友陪伴，以确保惊恐发作时不会孤立无援。

可惜，**这些寻求肯定的行为都不能彻底解决焦虑问题，反而会加深对自己的不信任和对别人的依赖，长远来说，焦虑问题没有真正解决。**

3. 依赖烟酒等物质

很多焦虑或有压力的朋友，都喜欢用吸烟或饮酒等方式来试图减压，但其实于事无补，反而有害。烟酒只能叫你短暂忘记烦恼或不快的情绪，长远来说，你的烦恼仍然存在。

过量使用烟酒会带来更多问题，例如上瘾和对身体有伤害等，所以最好不要用这些“假放松”的方法来应付焦虑问题。

4. 过分依赖精神科药物

很多焦虑症患者以为药物治疗是唯一解决焦虑问题的方法，以致长期依赖甚至过量服用精神科药物（例如镇静剂、安眠药等）来控制焦虑病征。这种做法很容易造成患者生理和心理上的依赖，以致放弃学习一些自我调节的方法来改善焦虑症状，长远来说并不能彻底解决焦虑问题。

请注意：我们绝非反对药物治疗，相反，在治疗各种焦虑症方面，药物治疗很多时候是不可或缺的，是可以纠正脑部中央神经系统失调的最有效方法，适当的药物治疗在处理很多焦虑的问题上都非常奏效。

这里要指出：**不要单单依赖药物来解决自己的情绪问题，心理自助和心理治疗往往是长远解决焦虑问题的有效方法。当然，在很多情况下，药物和心理治疗互相配合，是达到最佳效果的明智选择。**

5. 压抑自己的焦虑

情绪是大脑心智活动的自然结果，其中有必然的生理和心理规律，勉强去压抑自己的情绪并非健康的做法。不少研究证实，压抑情绪反而会带来不良的身心效果，例如免疫能力降低，负面情绪难以平复等。然而，现实中，人们可能因害怕焦虑的感觉，或怕别人察觉我们的焦虑反应，极力去压抑自己的情绪。**这种方法当时可能有些效果，但长远来说并非良策。另外，压抑手段本身会产生内心的挣扎，造成更大的压力和不安，结果可能适得其反。**

健康的情绪处理手法是在可能的情况下，尽量让自己的情绪自然流露，最好能够表里一致。相比压抑和掩饰自己内心的矛盾和焦虑，接纳自己内心真实的感受才为上策，不论是正面（愉快）或负面（不愉快）的情绪，你都应该学习了解及妥善运用。

焦虑只是一种身心反应，这种反应是有时限的，最辛苦的感觉也会过去，只要你不那么害怕这种感觉，它一定会消失得比你想象中更快。所以，以平常心对待自己的情绪，往往是最佳的态度。

五、结语

能够为自己的心理健康负责，积极寻求改善情绪的途径，无论是通过专业治疗或自助手法，都是值得鼓励的态度和行动。希望大家可以勇敢地正视自己的焦虑问题。本书是一部指南，大家可找身边可信任的人，与自己一起学习书中的方法，彼此鼓励，作你的啦啦队，助你迈步向前！

你准备好了吗？战胜焦虑的旅程要开始了！

实战区

焦虑的情景

（1）和焦虑展开对谈

想象你内心有“坚强”和“焦虑”两个不同的人，“坚强”正站在自己一边跟“焦虑”进行谈判。不妨面向镜子，看着自己的双眼大声读出以下句子：

我已准备好不再逃避，以正面的态度面对自己的焦虑。在未来的（时段）________内，我会最少每（频率）________阅读（页数）________页，更多地认识自己的焦虑。我知道自己有能力去改善现状，过一个健康的生活。

（2）我的目标与承诺

我希望自己会有这些改变：

情绪方面：________________

行为方面：________________

思想方面：________________

每完成一个目标，我会给自己一个大大的奖励：________________

____

为了不半途而废，我每次连续按照书中的方法练习了________后，我也会给自己一个小奖励________________

____

____

我对自己的承诺

我会继续做（练习）______________。因为这个技巧可以令我在（情况）______________时（效果）______________，我会每（频率）______________做一次（练习）______________。

（3）练习分析与记录表

大家可以利用下面的行动计划表，计划一下自己的学习进度。找一个你信任的家人或朋友作为你的伙伴，让他知道你的计划，每星期和他探讨一下进度，甚至邀请他和你分享完成目标后的奖励项目。

时间	我会进行的练习
第 ____ 至 ____ 周	
第 ____ 至 ____ 周	
第 ____ 至 ____ 周	
第 ____ 至 ____ 周	
第 ____ 至 ____ 周	

你可以用下表分析自己学过的技巧，好让自己不断进步（1 代表减退程度很低；100 代表成功减退）：

学到的新技巧	减退焦虑的程度（1~100）	效果
例子：调整呼吸	偶尔有用（50）	使我在焦虑开始时，快一点平静下来
例子：轻松活动（例如运动和户外活动）	活动后感到较轻松（60）	可以令自己在日常生活中缓解紧张

参考资料

【1】Bourne E J.1990. The Anxiety and Phobia Workbook（4th Ed.）[M]. Oakland, CA:New Harbinger Publications,Inc.

【2】Mains J A, Scogin F R.2003.The effectiveness of self-administered treatments:A practice-friendly review of research[J].Journal of Clinical Psychology,59（2）:237-246.

【3】Prochaska J O,Norcross J C,DiClement C C.1994.Changing for Good[M]. New York: Avon Books.

【4】Smith L L,Elliott C H.2003.Overcoming Anxiety for Dummies[M].New York: Wiley.

中篇

焦虑自选疗法（上）

介绍了焦虑的本质、焦虑症的成因和种类之后，现在开始进入焦虑自疗的方法和技巧部分。

由于焦虑症种类很多，本书不可能为大家逐一介绍每种焦虑症的自助方法。我们会集中介绍一些对不同焦虑问题都适用的基本自助原则和技巧，这一内容分为两个部分，上篇介绍的方法和技巧源自认知行为疗法，是应对焦虑问题最常用和有效的方法；下篇则介绍自信和自我效能的重要性、静观的方法和正向心理元素的培训，长远来说，这些都是对抗焦虑重要和有效的途径。

本书介绍的方法和技巧由证实有效的心理治疗手法演变而来，有国外研究显示，它们适用于情绪自助，效果理想。**当然，如果你希望达到最佳效果，有效减少焦虑，你不单要读完本书，更重要的是按照书中建议的方法切实去做，从经验中不断改进情绪管理和自助的方法**。在这个过程中，你可能会遇到阻碍或困难，请不要气馁甚至放弃，任何成长或自助的过程都会有挫折和艰难。你可以反思一下自己做得不足的地方，寻求别人的帮助或支持，必要时寻求专业辅导，帮助你克服焦虑问题。

第五章“请你放松：松弛自助法”，介绍不同的松弛方法，它们是应付焦虑很基本和有效的技巧。由于焦虑和放松是两种相反且互不兼容的情绪，当你受到焦虑紧张的情绪困扰时，知道如何进入松弛状态，就能实时减少焦虑。所以，学习有效的松弛方法是绝对值得和有用的，这一章将教你三种不同的松弛练习，包括呼吸松弛法、肌肉松弛法和意象松弛法。只要你多作练习，便能在生活中掌握放松的技巧，减轻焦虑。

第六章“思想起革命：思维自助法”，为你提供应对焦虑有效且正确的思想方法，属于认知行为疗法中有关认知的部分。很多焦虑问题都与人们的负面思想息息相关，例如，经常预测将有可怕的事发生，过分担忧未来，高估现实中的危险与威胁，低估自己的应对能力等，这些负面思想都是焦虑的元凶。在这一章，我们将会为大家详细介绍改变这些负面思想的方法和步骤，只要掌握了其中的道理和技巧，自然可以转念，让思想起革命！

第七章“拥抱挑战：行为自助法”，是认知行为疗法中有关行为的部分。应付焦虑最有效的方法是面对它，用渐进式的步骤对恐惧的事情逐渐脱敏，减少焦虑反应与引起焦虑的情境之间的联系。例如有社交焦虑的人士，可以通过这一章介绍的“暴露疗法”（Exposure Therapy）来克服社交焦虑的情况。有系统地、重复面对引发焦虑的情境，有助于渐渐减少焦虑反应。

现在，请你整装出发，踏上战胜焦虑之旅！

第五章　请你放松：松弛自助法

深层次的松弛状态，正好与焦虑的状态相反，如果能够学会进入深层次的松弛，就可以为生活注入从容不迫的节奏。

一、身体与焦虑的关系

如何知道自己此刻是否焦虑呢？除了主观的感觉和想法外，身体反应也是非常重要的提示，例如心跳加快、呼吸急促、手脚麻痹、肌肉紧张等。

谈到放松，大家可曾体验过松弛的感觉？大家可能会联想到安躺于风和日丽的沙滩，又或与三五知己结伴欢唱卡拉 OK。当然，这些活动的确可以令人感觉轻松，但要让身体及精神进入一个深层次的松弛状态，方法便有所不同。

深层次的松弛状态，正好与焦虑紧张时的状态相反。如果学会帮助自己进入深层次的松弛，可以为生活注入从容不迫的节奏，有助于应对焦虑和压力。这一章帮助大家练习进入深层次放松的方法，应对焦虑非常有效。

告诉你

快乐脑电波

人的脑袋里有上万亿个细胞，不分昼夜地进行化学物质交流，使我们的脑袋产生电波。脑电波分为四种，分别是 Alpha、Theta、Beta 和 Delta 波。有趣的是，我们在放松和紧张时会发出完全不同的脑电波。我们放松时会发出 Alpha 波，深层冥想时则发出 Theta 波，集中精神思考如在判断事情的时候，会发出 Beta 波，睡觉的时候则会出现 Delta 波。

Alpha 波每秒波动的频率为 8 至 13 次。除放松外，平静、喜悦和灵敏也和 Alpha 波有关。Alpha 波可以说是最快乐的脑电波，因为它出现时，大脑同时会分泌血清素，令人身心放松，感到平静安乐。简单的方法如闭上双眼和深呼吸，都能增强 Alpha 波。有研究曾经测量不同放松活动之前和之后一段时间的 Alpha 波，在一连串的放松活动中，气功和冥想相比催眠、使用香薰和听音乐能带来更强的 Alpha 波。

二、深层放松

“深层放松”（Deep Relaxation），早在数千年前就开始以不同形式出现于不同文化之中，20 世纪 60 年代末，哈佛医学院教授赫伯特·本森（Herbert Benson）对此进行了系统的研究。“深层放松”是通过引发一种身体状态来改变我们对压力的身心反应，当我们进入深层放松时，会出现以下生理现象：

- 新陈代谢减慢
- 心跳放缓
- 肌肉放松
- 呼吸放缓
- 血压下降
- 心境平和

本章会为大家介绍多个简单易学的方法，让大家一步一步进入深层放松状态。如定期练习，会有以下效果：

- 减轻整体焦虑。
- 预防压力累积。
- 提升动力及生产能力。
- 改善注意力及记忆力。
- 减少失眠及疲劳。
- 预防或改善压力导致的身体问题，如高血压、头痛、肠胃问题等。
- 提升正面情绪。

三、深层放松第一步

1. 了解呼吸

呼吸最能反映一个人当下的紧张状态。当你感到焦虑时，呼吸会变得较快而浅，浅呼吸是指通过运用近上胸的肌肉呼吸。反之，当你感到放松时，呼吸会变得较慢而深，深呼吸是指通过运用近下腹的肌肉呼吸。

在你读下去之前，你可以花少许时间留意自己现在的呼吸情况，呼吸节奏很快吗？一呼一吸时，你感到身体哪个部位起伏？上胸抑或下腹？你懂得如何改变自己的呼吸方式吗？

2. 上胸式呼吸问题

上胸式呼吸较浅，每次吸入的气体分量较少，以致身体要加快呼吸节奏来弥补。呼吸急促令人感到不舒服和紧张。上胸肌肉不停运动，久而久之会带来肌肉疲劳。所谓“心口就像被压住”、难以呼吸的感觉，便与此有关。由此可见，上胸式呼吸不能令人放松，还会令焦虑感上升。有些人长期处于上胸式呼吸状态而不自觉，也导致压力感增加。

3. 过度呼吸

值得一提的是，一般人对深呼吸有误解，以为用力将一大口气吸入肺部就是深呼吸，其实这种想法大错特错。有些人还会在焦虑和呼吸不畅时尝试所谓“透大气”和“加快呼吸”，反而造成呼吸过度的问题。

呼吸过度（例如呼吸太快）会令你呼出过多的二氧化碳，造成血液内氧气和二氧化碳失衡，扰乱血液正常的酸碱度，带来身体的一连串反应，包括头晕眼花、心跳急促、代谢混乱、有不真实的感觉和感到透不过气来。这些身体反应和焦虑症状十分相似，使你误认为焦虑加剧，于是更用力和更快地呼吸，在吸入氧气的同时，呼出更多的二氧化碳，焦虑不安的感觉也随之迅速上升。

呼吸过度问题常见于惊恐症患者身上。惊恐症患者越担心自己失控或断气，就越想尝试加快呼吸以控制自己，结果弄巧成拙，愈加感到身体不适，误把身体对呼吸过度的反应看作大难临头的先兆，于是引起一连串惊恐症状、负面思想及逃避行为。

4. 你的呼吸太快吗?

大多数有呼吸过度问题的人，都不知道自己的问题所在。当你预期将要面对某些令你焦虑不安的人或事时，你或许会不自觉地呼吸过度。在你焦急时，呼吸会稍微加快，而焦虑不安的感觉也会上升，结果令你堕入呼吸过度的恶性循环。

当你了解到自己的呼吸问题后，下面为大家介绍四种方法，帮助大家逐步改善呼吸方式，达到身体上及精神上的深层放松。

四、放松吧!

1. 简单易学的呼吸法

这个呼吸练习简单易学，能帮助大家在短时间内进入一个较深层次的放松状态。

（1）首先，通过鼻子慢慢吸气，尝试尽量运用下腹肌肉，吸气时心中慢慢数五下：“1……2……3……4……5”；

（2）忍住五下；

（3）慢慢以口或鼻呼出，心中慢慢数五下或以上，尽量将所有气体呼出。呼气时，心里可以想着“放松”或“好舒服”等字眼，让自己的精神和身体集中于享受这个感觉；

（4）呼气后，以你平常的节奏呼吸两次，然后再重复步骤（1）至（3）；

（5）持续以上步骤3至5分钟，大约重复10次上述循环。

练习秘诀

- 这个呼吸法的重点在于减慢呼吸节奏，令自己放松。
- 练习时，要保持心境平和，尽量顺其自然。要记住：你并非在进行测验或考试，不用计较表现好坏，只要慢慢尝试及调节自己的呼吸便可。
- 如你练习时感到晕眩，可暂停30秒，然后再慢慢尝试。
- 呼气时想着“放松”或“好舒服”等字眼，有时仅仅是想着这些字眼，就已经能够帮助自己达到放松。
- 如想收效，必须勤于练习，最少持续两星期，每天最少5分钟。初期在较轻松的时候练习，有助于大家较快“上手”。不断练习就能达到熟能生巧，熟练以后更易于在感到焦虑或受压时运用此技巧来面对。
- 当你重复练习时，会慢慢发觉你的呼气可以更慢更长，这是个好现象。如果大家持续练习一个月或以上，便可慢慢掌握放缓呼吸及以腹式呼吸的要诀。

2. 腹式呼吸法

人之所以能够吸气，必须通过肺部膨胀来增加容量，吸入空气。令肺部扩张的方法有两个：其一，通过将胸部肋骨扩张，增加胸腔容量，我们称之为胸式呼吸。其二，通过将横隔膜下拉以增加胸腔容量，从侧面看就像肚子胀起来一样，我们称之为腹式呼吸。

（1）将一只手轻放在肚子上，另一只手放在胸上。

（2）用鼻子慢慢吸气，将吸入的气体传到腹部，尽量尝试将腹部慢慢胀起（就像婴儿睡觉时小肚子一起一伏），你会发觉放在肚子上的手慢慢被肚子顶起，胸上的手却只有很少的移动。

（3）当你吸了一口气后，停一会，再用鼻子或嘴慢慢将整口气全呼出来。呼气时，可让身体同时放松。

（4）将以上步骤（2）及（3）重复10次。为了帮助自己记住重复次数，可以在每个循环后由10数到1，即

慢慢吸气……停一会儿……慢慢呼气……（心中数“10”）

慢慢吸气……停一会儿……慢慢呼气……（心中数“9”）

慢慢吸气……停一会儿……慢慢呼气……（心中数“8”）

直至数到1，此为一组，如想加长可做三组。练习5分钟腹式呼吸，能有效舒缓焦虑或惊恐状态。

练习秘诀

- 这个呼吸法的重点在于将呼吸调整到一个较深的层次。
- 练习时，心境保持平和，尽量顺其自然。你并非在进行测

验或考试，不用计较表现好坏，只要慢慢尝试及调节自己的呼吸便可。

- 如果你练习时感到晕眩，可暂停30秒，然后再慢慢尝试。
- 如果已慢慢熟习技巧，双手不用放在胸或腹上，只放松地放在大腿上便可。
- 当你重复练习时，会慢慢发觉自己的呼气可以更慢更长，这是个好现象。

3. 肌肉松弛法

以上提及的松弛方法，都是一些令人较快达到深层放松的方法，若你尝试以上的呼吸法时，觉得难以将肌肉彻底放松，可以练习以下为你介绍的肌肉松弛法。

早在50多年前，埃德蒙·雅各布森（Edmund Jacobson）博士就研究发现，先将肌肉收紧数秒，然后再放松，可以有效达到让肌肉松弛的效果。持续收紧及放松不同肌肉群组，可令人进入一个深层松弛的状态。因此，他提倡一套有系统和容易做到的肌肉松弛练习。若你觉得自己的肌肉容易绷紧，如颈紧膊痛，这套肌肉松弛法对你特别适用，对头痛、背痛、牙关紧张、失眠等也很有帮助。埃德蒙·雅各布森博士曾说，“紧张的思想无法存在于放松的身体内”，肌肉松弛法有助消于除紧张的思维，放松心情。

这里为大家介绍的肌肉松弛法涉及身体16组不同部位的肌肉。

（1）先找一个舒适安静的环境和时间，安躺或坐于沙发或床上。

（2）慢慢将呼吸调慢，可运用以上提及的腹式呼吸，让自己放松下来。

（3）开始肌肉放松过程，每组肌肉（共16组）按以下步骤放松：

a. 先将该组肌肉收紧（适度收紧便可）大约10秒。

b. 然后将该组肌肉放松，感受绷紧后实时放开的感觉。

c. 放松该肌肉约15至20秒，同时想着“好舒服”的字眼，感受一下肌肉在收紧及放松之间的分别，同时让全身肌肉也一起放松。

d. 移向下一组肌肉，若某组肌肉特别难放松的话，可重复步骤a至c两至三次。

（4）按以上步骤顺序放松下面16组不同的肌肉（如某组肌肉受了伤，请跳过该组肌肉）

a. 双手和下手臂：紧握拳头。

b. 上手臂（前）：手臂提向肩膀。

c. 上手臂（后）：双手伸直。

d. 额头：眼眉向上推。

e. 眼：双眼紧闭。

f. 口和颚骨：双唇紧闭，咬紧牙关。

g. 颈：头向后仰（此动作宜小心慢慢地做）。

h. 肩膀：肩膀提起。

i. 肩胛骨：肩膀后拉。

j. 胸：吸气到胸部，胸部扩张。

k. 腹：吸气到腹部，腹部隆起。

l. 背：背部上弯，像轻微拱桥般（如你有下背痛，可跳过此动作）。

m. 臀：拉紧臀部肌肉。

n. 大腿：伸直双脚，收紧大腿直至膝盖的肌肉。

o. 小腿：脚尖指向上。

p. 脚掌：抓紧脚趾。

（5）重新感觉身体每处肌肉，如仍有肌肉未完全放松，可针对该组肌肉重复以上动作。

（6）感受全身肌肉松弛的状态。

（7）整个练习大约 20 至 30 分钟，记住：练习过程中要不时留意自己的呼吸是否保持在舒服缓慢的状态。

练习秘诀

- 每天最少练习 20 分钟。每天练习两次效果更好，不然也要每天练习最少一次，以达到熟练自如。在起步阶段或有需要时，可尝试每天练习 30 分钟。
- 找一个安静舒适的地方，尽量避免被打扰，能关掉手机的话更理想。
- 定时练习。刚起床、睡前或饭前是不错的选择。
- 避免进食后练习，因为消化过程会影响松弛效果。
- 找一个放松的姿势。最好让全身每一处都能被承托，躺在床上或坐在沙发上都可以，记住让全身包括头及脚都可承托。如你感到困倦，坐着练习比较好，因为躺着练习容易使人入睡，失去感受深层放松的效果。

- 将衣物松开，如脱去鞋子、手表、眼镜、首饰等。
- 暂时放下担忧，尽情享受放松的感觉。
- 保持“顺其自然”的心境。练习放松不是考试，无须评判自己的表现。感到放松时尽情享受，若暂时未能放松，可学习用“放开”的心情来慢慢改善。

4. 意象松弛法

如已熟练掌握以上调整呼吸和放松肌肉的方法，便可让自己更进一步，为自己的深层松弛增加更多的内涵——意象松弛法。

试想象一个令你感到最安适、最平静的环境，你当然可以凭自己的经验和喜好去构想。对大部分人来说，一片宁静的海滩，流水淙淙的河边，又或是温暖舒适的睡房，都是好的选择。你的描述愈细致，旅程便愈精彩，精神愈松弛。切忌在其中加入你认识的人、动物、植物或其他心爱物品，以免当你和这些人或物的关系转变时影响你的松弛效果。

例子

脑袋去旅行

你 在 哪 里：海滩游泳。

你看到什么：海里有很多小鱼游来游去，水清沙软。

你听到什么：听到鸟儿飞来飞去挥动羽翼的声音和清脆的鸣叫声。

你闻到什么：闻到从海面吹过来的海水的味道。

你感觉到什么：阳光照射在我的身上，我的身体感到海水的清凉。

你要留意上述例子集中于身体的感觉，还可以借助上面的例子，为自己设计另外一个意境。你的描述愈详细，旅程便愈精彩，精神愈松弛。

你在哪里：______

你看到什么（如物体、形状、色彩等）：______

你听到什么：______

你闻到什么：______

你感觉到什么（如温度、物体的质感）：______

告诉你

音乐松弛法

除了这里介绍的放松方法，不少兴趣爱好和娱乐活动都有助于调节情绪。有研究（Evans, 2002）指出，多听莫扎特的音乐可以减少压力反应，增强专注力，提升快乐的感觉。不妨安排时间，听一听古典音乐或令人放松的乐曲，在沉醉音乐的同时又可以放松一下。

五、结语

很多人学习放松时，都会遇到一个奇怪的现象，就是越叫自己放松偏偏越紧张。其实学习放松同样要学会心情上的“放开”（let go），让自己的放松自然而然。试想象，若有人用手枪指着你的头，大声喝斥让你“放松”，这时你真的可以放松下来吗？所以，练习放松时，请不要做你自己的“手枪”，反而要以正面、顺其自然的态度，容许自己慢慢掌握放松的技巧，专注享受精神上和身体上松弛的感觉。

在练习放松技巧初期，可以每天练习两至三次，以达到最理想的松弛效果。当你的情绪变得较为平稳时，便可在有需要时随意挑选一种你认为最有效、最适合当时需要，同时环境又许可的方法来练习。除了以上放松技巧外，适量的运动和欣赏音乐也可以帮助你放松。只要你肯下工夫练习，一定可以有效放松身心。

实战区

松弛练习簿

请在未来四个星期内，每天选择一种松弛方法加以练习，观察和记录其效果和需要改善的地方（1为最不能放松，10为最能放松）

	松弛练习方法	练习前的放松程度（1~10）	练习后的放松程度（1~10）	检讨及可改善的地方
星期一				
星期二				
星期三				
星期四				
星期五				
星期六				
星期日				

参考资料

【1】Bourne E J.1990. The Anxiety and Phobia Workbook（4th Ed.）[M]. Oakland, CA: New Harbinger Publications,Inc.

【2】Benson H.1975.The Relaxation Response[M].New York:Morrow.

【3】Benson H.1985.Beyond the Relaxation Response[M].New York: Berkley Books.

【4】Evans D.2002.The effectiveness of music as an intervention for hospital patients: A systematic review[J].Journal of Advanced Nursing, 37:8−18.

【5】Jacobson E.1974.Progressive Relaxation[M].Chicago:The University of Chicago Press.

第六章　思想起革命：思维自助法

记住，最具深远意义的是：你唯一能完全控制的是你自己的心态。

——美国罗斯福总统顾问、著名作家 拿破仑·希尔（Napoleon Hill）

一、思想革命

焦虑情绪与你的思想和信念息息相关。认知治疗告诉我们：改变情绪最有效的方法，就是改变自己的想法。在了解何谓思想和怎样改造思想前，请先看以下一则真实的故事。

2007 年 7 月 24 日，心理学大师阿尔伯特·埃利斯（Albert Ellis）去世。他常常喜欢用自己的人生经历去阐释他想说的道理。阿尔伯特·埃利斯出生于一个五口之家，三兄弟姊妹中他排行最大，可是父母却在他 11 岁时分开。面对经常外出公干的父亲和不爱留在家中的业余演员母亲，他不但没有埋怨自己得不到足够的照顾，反而从另一角度发现，自己可以得到其他青年人少有的自由，可以去尝试不同的东西。94 年的人生，他为心理治疗界开创了一个新的眼界，他所创立的“理性情绪行为治疗法”，真正讲出了人对环境的主观思想如何影响情绪和行为，可谓现今最流行也具备有力证据支持其疗效的“认知行为疗法”的先驱。

的确，同一种环境，人可以选择不同的想法。别轻视想法这回事，我们皆因怎样看待一件事情而影响我们的情绪和行为。过去数十年的心理学研究，使思想调整对焦虑的重要性得到验证和肯定。在这一章，我们将通过深入浅出的方法，帮助大家运用不同的思想改造技巧来面对焦虑。

武侠剧中常见主角学习绝世武功前先要练好扎马步，小孩子学走路也要先从爬行开始。学习任何一种技巧，都要提前打好根基，之后才能得心应手。下面为大家介绍三种思想改造的基本功，让大家先行练习。

二、改造思想基本功

第一式 完全信任你的主观想法？

请看以下图片，有一条 A 线和一条 B 线，你认为哪一条线更长呢？

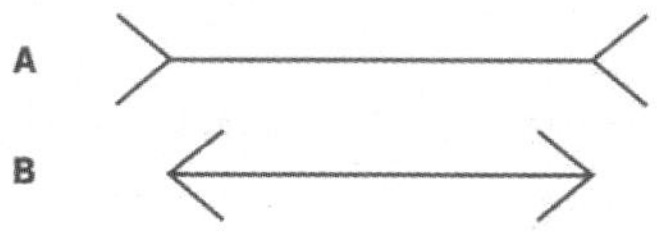

答案：A 线和 B 线一样长。如果你不相信，可以拿一把直尺量一量，就会知道人的眼睛有时并不可靠。

从以上这个简单但有趣的心理现象可以看出，人的主观想法和事物的客观情况有一定的距离。出现这样的一个偏差，原因在于人会受不全面或误导性的资料影响，情况就如你被图中直线两端的箭头误导一样。

我们看事物的方法会受观点与角度的影响，个人的经历或当下的心情，总是会给我们套上一些框框，让自己的想法不够全面和客观。譬如焦虑紧张时，我们便倾向注意环境中自己觉得危险的东西，也会将事件的后果灾难化。这些想法有时出现得太快，以至于连自己也不察觉，甚至自己也会觉得理所当然。因此，**要改善自己的想法，就要保持开放的态度，接受自己看待事物的主观性，然后逐步寻找较客观及对自己有帮助的思想模式。**

第二式 你知道自己在想什么吗？来！捉住自己的思想

如果你有驾驶经验，就会明白什么叫熟能生巧。当你刚开始学习开车时，需要紧紧牢记每一个动作。可是，当这些操作次序慢慢上手并熟练了，你就可以一边驾车一边分心做其他事，情况有如我们学走路、学游泳、学习不同的语言一样。同样地，你的思想也有下意识。因此，**若你想改变引起焦虑的想法，第一件事就是要知道自己的思想**。下一节会详细教大家如何捉住自己的思想。

第三式 为何要调整思想？思想和焦虑的关系

我们的行为、思想和情绪是互相影响的。相信大部分人都曾有过被困电梯的经历，不同的人会有不同反应：有的人会感到很惊慌，不知如何是好；有的人会很愤怒，抱怨为何出现这种情况；有的人却可以保持镇定，慢慢想出求救的方法。虽然大家都面对同一处境，但各有不同的情绪反应。

认知学派认为，不同想法是导致这些区别的关键所在：当你以为被困电梯是由于意外，如火警等，你自然会感到惊慌；当你想到被困电梯会让你上班迟到，你自然会着急，甚至感到愤怒；但若你想到电梯故障常有发生，并不代表会有什么意外，你便可以保持冷静，耐心地等待救援。由此可见，**同一情况出现不同的情绪反应，跟一个人怎样理解当时的环境有密切关系。**

焦虑的情绪通常和焦虑型思想有关。“焦虑型思想”涉及对危险的看法，大致可以分为三类：

（1）认为事件极有可能朝负面方向发展：一个易焦虑的人，遇上事情总会向坏的方面想。如求职面试时，总想着表现不好以致失败，却不去想自己有利的方面并努力达到成功。

（2）将事件后果灾难化：焦虑的人甚至会将负面后果想得很严重。如面试表现差的话，自己可能会在人前出丑，被人嘲笑，家人朋友知道后，会认为自己是个无用的人。

（3）小看自己应对问题的能力：例如面试遇到较难回答的问题时，会低估自己应对问题的能力。

由于出现以上想法，焦虑的人会本能地保护自己，做出一些逃避行为。可是逃避只会令自己更确信事件的严重性（“幸好能逃避，否则后果不堪设想”），或者强化自己无用的想法（“我真的无法面对及应付，只好逃避”），造成恶性循环。另一种行为是“寻求安全行为”（safety-seeking behavior），即过分努力去做一些不必要却又可让自己感到安心的事，如面试时常看着面试官的一些细微表情，想看出对方的想法以寻求安心。可是留意这些无关紧要的细节，只会令人无法集中于自己想表达的内容，最后导致表现失准，让一直最担心的失败成真。

三、调整思想步骤

掌握了基本功后，我们就要开始学习调整思想。调整思想主要有以下三个步骤。

1. 抓住思想（我在想什么？）

所谓“知己知彼，百战不殆”，要处理焦虑，就要先认识令人焦虑的想法。你可能会问：“我自己在想什么，难道我不是最清楚吗？”这个问题问对一半，问错一半。没错，没有人比自己更清楚自己的想法，却不一定每个人都完全了解自己的想法，并能作适当的分析。

若想有系统地记下自己的想法，可以使用下面的“想法记录表”，其中有四栏，分别为“日期”“情况”“想法”和“情绪”。大家可以按以下步骤去记录自己的想法。

1）留意当时的情况

首先，你要尝试找出使你焦虑的诱因。例如：什么时候？什么地方？你正在做什么？与什么人在一起？

开始的时候，你可能未立即察觉到焦虑情绪的转变，但你要像侦探一样，细心查探。通常在以下情况下，你会较容易地找到自己的焦虑思想：

- 任何时候发现自己身体或情绪上有紧张甚至恐慌的反应；
- 当你正准备面对困难或令你恐惧的情况；
- 当你犯了错或为自己做了不当的事而担心不已的时候。

请在想法记录表“日期 / 时间”及“情况”两栏记下该情况的有关资料。

2）留意情绪反应

以你感觉焦虑时的第一个印象为准，填写想法记录表“情绪栏”，评估你的焦虑程度。“0”表示完全没有焦虑，“100”表示你想象中最强烈的焦虑。

尝试找出并记录其他情绪（如有的话），虽然我们大部分时间都在谈论焦虑情绪，但仍可能有其他情绪在困扰着你，也可用 0 至 100 来评估你的其他情绪。

3）停一停，想一想，将想法记录下来

想法是一些很自动和迅速出现在你脑海的东西，形式可以是一句关于你自己、周围的人和事，或将来可能发生的情况的句子。思想除了以文字方式呈现外，还可以通过影像或图片方式呈现，比如你最担心会发生的情况的影像。想法通常会一闪即逝，但当你慢慢提升了自觉性，便能够捕捉到这些想法。

面对焦虑，问自己以下几个问题：

- **我的脑海中出现了什么?**
- **我在想什么?**
- **我的脑海中有没有出现任何影像?**
- **我想象的最坏情况是什么?** 不要害怕想象最坏的情况，你的想象越真实，你就能够更清楚地看到自己把事情灾难化的程度，这有助你做风险评估和处理情况。

你可将找到的思想记录于想法记录表中“想法”一栏。能够在焦虑时实时反思并记录自己的情绪最为理想，在此建议你将“想法记录表”随身携带以便随时作记录。若不可行，也请尽量将自己的想法牢记，然后在适当的时候填写。

找到想法时，请为它加上一个分数（0 至 100），这个分数代表你对这个想法的相信程度，它的真实性或发生的可能性。0 分代表你并不相信，100 分代表你完全相信。

注意

请谨记思想和心情的分别，该练习希望记下的是思想而非心情。你可以想想自己的心情，然后再去发掘是什么思想让你有这样的心情。通常来说，关于心情的字眼有“害怕”“紧张”“不安”“担心”等，对于思想的描述就没有以上字眼，反而多是对事情的想法或看法，如“我觉得我会失败和被人嘲笑”就是一种思想，这种思想带来的心情是“担心”和“紧张”。而“我好害怕会患上不治之症”则包含了心情“害怕”和思想“我会患上不治之症”，应将其分开记录。

2. 分析思想（我这样想对吗？）

最有效处理焦虑思想的方法就是分析其客观性，判断它是否符合客观环境。首先，将你记录下来的思想，用以下问题分析一下：

- 这个想法有什么证据支持？有什么证据反对？
- 这个想法是否任何时候都正确，是否有例外的情况？
- 这个想法真正发生（或正确）的概率？
- 这种情况最坏时会如何？就算最坏情况真的出现有什么问题？你可以怎样面对？
- 这个思想是否已考虑全面情况，或看到的只是片面？
- 这个思想是否足够客观？
- 这个思想带来哪些好处和坏处？
- 你是否带有哪种错误的想法？

3. 调整思想（我还可以怎样想？）

就以上步骤二的思想分析，除你自己的想法外，还可以找到一些比较客观、比较切近实际情况或令你比较安心的想法吗？你可以用以下问题来帮助自己找出比焦虑想法更恰当的想法：

- 你现在面对的情况，是否有一些其他的解释？
- 你面对的情况，最好的后果是怎样的？最有可能的后果又是怎样的？
- 若最坏的后果真的出现，你可以怎样应付？有没有其他人或其他做法可以帮助你解决？
- 改变这些主动想法的后果是怎样的？
- 如果你的朋友处于同一处境，你会怎样劝告他？

后面的“调整想法记录表”其实是“想法记录表”的延伸，不过加上了“分析和调整”以及“结果”两栏。你可以将以上分析及调整思想的结论写在“分析和调整”一栏，并找出一个新的客观想法，再给它一个分数（0 至 100），以表示你相信它的程度。最后请在“结果”一栏，重新评估你的焦虑程度和想法。

经过填写调整想法记录表这个练习后，虽然未必能完全消除你所有的焦虑，但你的焦虑程度应该可以因思想的调整而减轻。若想得到最佳效果，你必须经常做这个“思想健身操”，渐渐地你就能享受到思想革命的好处。

注意

有助于组成更客观想法的问句如下：

- 这个想法有什么**证据**支持？又有什么**证据**反对？

- 这个想法真会发生（或正确）的**概率**？
- **最坏**的后果会如何？我能够应付吗？**最好**的后果又会如何？**最有可能**的后果是怎样的？
- 这个思想带来的**好处**和**坏处**？改变这些想法的后果是怎样的？
- 对于这种情况是否有一些**其他的解释**？
- 如果你的朋友处于同一处境，你会怎样劝告他？

四、处理忧虑

“我无法好好享受与子女在一起的时间，因为我常常感到非常忧虑。”

“工作上很小的事都会使我整个人紧张起来，担心不已。”

忧虑或担心是焦虑的孪生兄弟，基本上属于较负面的思想模式，这一点在患上广泛性焦虑症的人身上最为明显。他们通常只看到事情最坏的一面，不停地忧虑，以至于他们经常处于紧张和不能放松的状态。其实，忧虑和担心是每个人都有的正常情绪，你可尝试用以下步骤来处理忧虑。

1. 系统地记录那些使你忧虑的事情（使用“想法记录表”）

（1）每当你发现自己忧虑的时候，便要立即记录下来。

（2）你要记下日期、时间、地点、什么事情使你忧虑和忧虑的程度，以及你做了些什么（如果有的话）。

（3）一个星期后，把你写下的忧虑回顾一遍，并问自己以下两个问题：

- 使我感到忧虑的通常都是什么事情？我所有的忧虑是否都与工作（家庭、过去、将来、疾病）有关？
- 我的忧虑（例如我是否真的被解雇了）有多少最终变成了事实？请反思你的忧虑有多少是过分和不客观的。

2. 学习分辨“正常的担心”和“过度的忧虑”

（1）当你在步骤一找到使你感到忧虑的主题后，只需记录那些与这个主题有关的忧虑事件。

（2）在一个星期之后，把你写下的忧虑事件回顾一下，问自己以下两个问题：

- 这些忧虑事件是“正常的担心”还是“过度的忧虑”？请分辨有用的担心与没有价值的过度忧虑。数一数哪些是“正常的担心”，哪些是“过度的忧虑”。
- 怎样才能把“过度的忧虑”转为“正常的担心”？

3. 设定“忧虑时间”

利用步骤一和步骤二来选择一项值得担心的事情，每天用20

至30分钟作为“忧虑时间”，这个时间可以是一段你不需要为其他事费神的时间，例如坐车时或下午茶时段。

（1）在“非忧虑时间”内

- 将忧虑安排在“忧虑时间”内；
- 在“非忧虑时间”时段，不要被忧虑困扰，尝试把问题放下，提醒自己把问题留到“忧虑时间”去担心；
- 这不是一个完美的解决方案，但通常可以帮助我们控制忧虑的时间。

（2）“忧虑时间”内才忧虑

- 在“忧虑时间”内，让自己忧虑所担心的事情（如你觉得有必要），尽量以一个解决问题的角度去忧虑；
- 请在“忧虑时间”结束时同时停止你的忧虑。

（3）评估成效，请留意：

- 自己的忧虑在“非忧虑时间”内是否真的不受控制？
- 当你允许自己在“忧虑时间”内尽情忧虑时，是否觉得真的需要过分忧虑？
- 如果你能持之以恒，相信可以渐渐取得成效，减少忧虑占用的时间，甚至发现忧虑其实不足为惧。

当然，最重要还是运用前面的“调整想法记录表”来分析和调整自己过分忧虑的想法，“忧虑时间”只是辅助性的策略而已。

想法记录表（例子）

日期 / 时间	情况
	1. 什么时候？什么地方？你在做什么？有什么人在场？ 2. 什么事导致不快的情绪？ 3. 身体上有什么不舒服的感觉？
例一	
10/26/2020 星期一 8:15 am	早上离家上班 出门后至乘车途中 脑海中充斥忧虑 坐立不安
例二	
12/11/2020 星期五 9:00pm	公交车厢中 周围坐满下班回家的乘客 在开始进入公交车道后感到晕眩

	想法	情绪
	1. 我的脑袋正在想什么？ 2. 什么是我担心的最坏的情况？ 3. 当时我相信这些想法的程度有多少（0~100）？	1. 当时我的焦虑情绪怎么样？ 2. 该情绪的强烈程度有多少（0~100）？ 3. 是否有其他情绪？它们的强烈程度如何（0~100）？
	我关门没有？我可能没把门关好！（80 分） 若没关好门，万一有贼进来怎么办？ 家里一定会被大肆翻检！ 到时又要报警又要收拾…… 如果我回家时窃贼还在，后果不堪设想！（60 分）	不停地忧虑，难以控制（80 分）
	身体有问题？（60 分） 担心当场晕倒、失去知觉（80 分），甚至死亡？（30 分） 有没有人留意到我？ 如果有就很尴尬！ 想离开中途又没有站点！ 如果真的晕倒，其他人一定认为我有问题！ （70 分）	心跳加速、越跳越剧烈、呼吸急促、手心冒汗（70 分）

调整想法记录表（例子）

日期 / 时间	情况	想法	情绪
	1. 什么时候？什么地方？你在做什么？有什么人在场？ 2. 什么事情导致不快的情绪？ 3. 身体上有什么不舒服的感觉？	1. 我的脑袋正在想什么？ 2. 什么是我所担心的最坏的情况？ 3. 当时我相信这些想法的程度有多少（0~100）？	1. 当时我的焦虑情绪怎么样？ 2. 该情绪的强烈程度有多少（0~100）？ 3. 是否有其他情绪？它们的强烈程度如何（0~100）？
例一			
10/26/2020 星期一 8:15 am	早上离家上班出门后至乘车途中 脑海中充斥忧虑 坐立不安	我关门没有？ 我可能没把门关好！（80 分） 若没关好门，万一有贼进来怎么办？家里一定会被大肆翻捡！到时又要报警又要收拾…… 如果我回家时窃贼还在，后果不堪设想！（60 分）	不停地忧虑，难以控制。（80 分）
例二			
12/11/2020 星期五 9:00pm	公交车厢中 周围坐满下班回家的乘客 在开始进入公交车道后感到晕眩	身体有问题？（60 分） 担心当场晕倒、失去知觉（80 分），甚至死亡（30 分）？ 有没有人留意到我？如果有就很尴尬！想离开中途又没有站点！如果真的晕倒，其他人一定认为我有问题！（70 分）	心跳加速、越跳越剧烈、呼吸急促、手心冒汗。（70 分）

分析和调整	结果
1. 我产生了什么错误的想法？ 2. 运用表后的问句组成更客观的新想法。 3. 我相信每个新想法的程度有多少（0~100）？	1. 我现在相信最初想法的程度是多少（0~100）？ 2. 我现在的焦虑情绪怎么样？强烈程度是多少（0~100）？ 3. 我可以怎样做以应对这种情况？
门没关好的概率其实不高，可能我太习以为常，以致记不起自己是否关门，才以为自己没关好门。（80 分） 就算门没有关好，窃贼也不会预先知道，也不一定刚好盯上我家。（70 分） 即使门关好了，也可能有贼光顾。（80 分）	我已关好门……已将门关好（80 分 → 40 分） 若没关好，万一……不堪设想！（60 分 → 30 分） 焦虑减轻至 40 分。 我可以尝试放下此事，如常乘车上班。
晕眩可能是因为车厢颠簸所致。（70 分） 身体反应不时变化，实属正常，不一定代表身体有问题。（60 分） 其他人可能都在专注各自的事，就算他们看到我的反应，也不一定会觉得奇怪，因为晕车也很常见，他们可能都亲身经历过，没什么大不了的。（80 分）	身体有问题？（60 分 → 20 分） 担心当场晕倒、失去知觉（80 分 → 30 分），甚至死亡（30 分 → 10 分）？ 有没有人留意到我？……中途站点（70 分 → 30 分） 焦虑减轻至 30 分。 我可以尝试放松自己，闭目养神。

五、结语

思想是调节焦虑情绪的一把钥匙。只要你通过本章介绍的方法，掌握引发或维持焦虑的想法，加以分析和调整，以理性客观的态度来对待现实，不少焦虑情绪其实都可以得到控制。

当然，要做到这一点，你需多锻炼自己的思维，查找错误失实的想法，对现实作出正确的解释。所谓“功多艺熟”，只要你有毅力和耐性去“练功”，假以时日，自然能够掌握改变想法的技巧。

实战区

核心信念

当你运用本章介绍的“想法记录表”一段时间后，你可能会发现某类错误想法经常出现，它们可能反映出你具有一些与焦虑有关的核心信念。请在下面将它们列举出来，然后运用以上介绍的针对思想的检讨和调整方法，审视这些核心信念的客观性。

例子

错误想法

（1）我从没有做过这种工作，我一定不能胜任。

（2）上司总是喜欢与其他同事接触，对我却显得很冷淡，他一定觉得我工作表现不够好，所以才这样对我。

（3）我学习新的事物和技巧总是不如别人快，我真是没用。

核心信念

（1）我的能力总是比别人低。

（2）我是个没用的人。

你的错误想法

（1）____________________

（2）____________________

（3）____________________

你的核心信念____________________

分析和调整核心信念____________________

调整想法记录表

日期/时间		
情况	1. 什么时候？什么地方？你在做什么？有什么人在场？ 2. 什么事情导致不快的情绪？ 3. 身体上有什么不舒服的感觉？	
想法	1. 我的脑袋正在想什么？ 2. 什么是我担心的最坏的情况？ 3. 当时我相信这些想法的程度有多少（0~100）？	

情绪	1. 当时我的焦虑情绪怎么样? 2. 这种情绪的强烈程度有多少（0~100）? 3. 是否有其他情绪? 它们的强烈程度如何（0~100）?	
分析和调整	1. 我产生了什么错误的想法? 2. 运用 130 页的问句组成更客观的新想法。 3. 我相信每个新想法的程度有多少（0~100）?	
结果	1. 我现在相信最初想法的程度有多少（0~100）? 2. 我现在的焦虑情绪怎么样？强烈程度有多少（0~100）? 3. 我应该怎么做以应付这种情况?	

参考资料

【1】Beck J S.1995.Cognitive Therapy: Basics and Beyond[M].New York:Guilford Press.

【2】Bourne E J.2005.The Anxiety & Phobia Workbook（4th Ed.）[M].Oakland, CA: New Harbinger Publications,Inc.

【3】Kaufman M T.2007.Albert Ellis, 93, Influential Psychotherapist Dies[J].The New York Times. http://www.nytimes.com/2007/07/25/nyregion/25ellis.html.

【4】Wells A.1997.Cognitive Therapy of Anxiety Disorders: A Practice Manual and Conceptual Guide[M].Chichester:Wiley.

第七章　拥抱挑战：行为自助法

人生如不大胆地冒险，便会一无所获。

——教育家 海伦·凯勒（Helen Adams Keller）

认知行为治疗与接受和承诺治疗是当今两种治疗焦虑问题的主要方法，它们不约而同地强调面对、不逃避在焦虑治疗中的重要性。其实逃避只会令焦虑问题变得更复杂：焦虑往往叫人害怕，但越是逃避，焦虑的感觉就会越增加，结果令自己陷入恶性循环中，走不出来。其实人生旅途多挑战，一味逃避绝非良策。这一章会为大家介绍有效面对焦虑的“暴露疗法”。若想克服焦虑，实际行动与前一章讲解的思想革命一样重要。

一、来吧！焦虑

“三年前，我乘坐公交车时，在隧道内看到一次撞车事故，从此再也不敢乘坐巴士穿行隧道了。”

“我一直觉得自己不善辞令，在人前表达自己的想法会感到更焦虑，在公司开会时很少发表意见，尽量逃避向客人作口头报告。”

当我们面对一些令人感到焦虑的情况时，出于本能反应，我们会倾向于逃避。但逃避往往带来恶性循环，令焦虑问题持续存在。最能解决焦虑问题的策略，莫过于直接面对它（exposure，即“暴露”），让焦虑反应慢慢减弱（即 desensitization 或 habituation）。

很多有焦虑问题的朋友，刚听到这个治疗方法时，第一个反应就是认为自己不可能直接应付那些情况。其实只要按照以下步骤，有系统地一步一步处理自己的焦虑，便会发现它们有效果。

这套以直接面对焦虑情况来解决焦虑的方法，临床上称为“暴露疗法”（Exposure Therapy）。

暴露疗法的理论基础，在于认为焦虑问题源于一种从某种情况学习得来的过敏反应。例如有一次被一只恶狗咬伤，基于本能，你会对狗产生一种过敏反应。甚至在一些客观上安全的情况下，如经过宠物店，你都会因对狗的联想而产生焦虑。焦虑的感觉往往让人极力逃避，错过习惯面对所恐惧的事物的机会，同时增强对该事物的负面想法。

暴露疗法可以切断引起焦虑的情况与焦虑反应之间的心理联结，带来心理上的正面效果。若要将这个联结切断，我们必须把一种新的心理反应（如很放松的心理反应）联结到之前令你焦虑的情况中。起初从比较容易应对的焦虑情况开始，这样可以让你更熟习整个暴露疗法的过程。掌握了基本技巧并建立信心后，便可以将难度提高，只要持续练习，你的焦虑和恐惧程度便会大大减轻。

下面介绍的“面对焦虑”的方法，就是基于上述理论设计出来的。

读完以上介绍，你愿意接受这个挑战吗？我们理解面对焦虑不是件容易的事，但也并非完全不可能。如果你愿意接受挑战，请谨记以下两个重点。

（1）勇于尝试：开始面对自己一直逃避的情况，你要有心理准备，接受初期的不安感。只要你按以下步骤去做，整个练习都是非常安全的。

（2）持久练习：重新面对让你焦虑的情况，必须按部就班，给自己足够的时间去克服这些情况。就算练习过程中有起伏，也不要轻易放弃，最重要的是提醒自己要有恒心。正如美国篮球巨星迈克尔·乔丹所言："我可以接受失败，但我不能接受从不去尝试！"

二、"面对焦虑"的三个阶段

1. 订立具体明确的目标

你希望完成练习后，自己可以做到哪些以往因恐惧而做不到的事情呢？开始练习前，要为自己订立目标。目标应该清晰明确，例如"独自驾车经由翔安海底隧道去厦门"，这个目标要比"不再惧怕在高速公路驾驶"更清楚明确。假如你的目标多于一个，你可以将每个目标逐一写下，为每个目标设定一个时限。你还可以尝试订立不同的长期和短期目标。

请把你的目标填入下表，你也可根据自己的需要，为不同的目标设定期限。

期限	目标
三个月内	
半年内	
一年内	

2. 给焦虑分级

按每一个目标，想象一些性质类似而焦虑程度较轻微的情境，把这些情境细分为不同焦虑程度的等级，这些情境必须有助于你达到目标。譬如你的目标是“独自乘坐公交巴士穿过过江隧道”，你可以先考虑一些类似但焦虑程度较轻的情况，如“观看乘车经过过江隧道的网上短片”“与朋友一起乘坐公交巴士穿过较短的隧道”和“独自乘坐公交巴士穿过较短的隧道”等。

以下是将焦虑程度分级的基本步骤，当你阅读这些步骤时，可同时参考下面的“焦虑分级表”。

步骤 1：选取一个终极目标。如“独自在超级市场购物”“独自乘坐电梯到位于 26 楼的办公室”，或“开会时汇报工作进展”。把终极目标放在分级表的最高位置，这些目标的焦虑程度通常介于 90 至 100 分。

步骤 2：想象为自己订下的目标，迈出微小的一步。这一步对你来说并不算难，但有少许挑战性。如你的目标是“独自在超级市场购物”，你可以考虑先到达超级市场门口停留 1 分钟然后回家。如果你的目标是“开会时汇报工作进展”，你可以考虑在家中模拟开会汇报的情景。如以 0 至 100 分来表达焦虑程度，这些情况通常介于 5 至 10 分。

步骤 3：运用你的想象力，设计六个或更多的中间步骤。给每个中间步骤赋予 0 至 100 的分数，以表达其焦虑程度。将以上步骤顺序填入焦虑分级表中。制定中间步骤时，可以参考下面有关时间、人物、地点的相关原则。

时间：如焦虑过程的长短，进行练习的时间（上午？黄昏？晚上？）

人物：独自或有人陪同？周围环境人多或人少？

地点：离最焦虑情况的远近？与该情况的距离有多远？

焦虑分级表（例子）

终极目标：开会时汇报工作进展	
焦虑程度（0~100）	焦虑情况
100	开会时汇报工作进展
95	
90	在会议室与相熟同事模拟开会汇报
85	
80	独自在会议室模拟开会汇报
75	
70	
65	在其他同事汇报工作进展时提出意见
60	
55	
50	在公司找相熟同事模拟开会汇报
45	
40	

终极目标：开会时汇报工作进展	
焦虑程度（0~100）	焦虑情况
35	在家中向家人模拟开会汇报
30	
25	
20	在家中向家人发表 1 分钟讲话
15	
10	
5	在家中独自模拟开会汇报

3. 面对焦虑

填好“焦虑分级表”后，可以开始练习直接面对焦虑（即暴露过程）。由最低焦虑程度的情况开始，一步一步提升焦虑级别。

每一次按以下程序来练习。

（1）进入情况，感受焦虑。

刚开始练习时，应从最低焦虑感的情况开始。当你经历了这些情况，可以开始进入较高焦虑感的情况。开始时你可能会感觉不舒服，这时切记要忍受，允许自己的焦虑感上升。

如以 1 至 10 分来表达焦虑程度的话（1 分是些微焦虑、10 分是极度焦虑），你的焦虑程度通常会在 1 至 4 分之间。假如你的焦虑持续在 5 分或以上，你感到的焦虑过度强烈和不受控制时，请进入下面描述的暂停步骤。

如果你只是感到少许不舒服，或认为可以承受，就让自己**继续处于该情况，直至焦虑程度慢慢下降。耐心地给自己足够的时间，让焦虑感慢慢缓解。**当你练习面对这些焦虑情况时，可以运用第五章介绍的松弛技巧，增强自我控制感，减轻焦虑感。

（2）当感到焦虑过度强烈或不受控制时，请暂停。

请谨记，暂停不等于逃避。暂停是指暂时离开该情况一会儿，直至感觉焦虑缓解，然后再尽快回到该情况。**面对焦虑的重点，在于主动接触令自己感到焦虑的事，所以要尽你所能，让自己处于该情况，感受焦虑的变化，等待焦虑感下降。**如果你真的感到焦虑过度强烈或不受控制（即焦虑持续在5分或以上），可以暂停。

如你正在练习独自停留在停顿的电梯中，你可以尝试暂停练习，离开电梯，待在大堂一会儿，之后再次练习。假如你正在超级市场内排队，可以暂时离开队伍，在附近站一会儿，然后重新尝试。假如正乘坐公交巴士经过隧道，这种情况当然不能马上下车，但你可以闭起双眼，想象一个轻松舒服的环境。当你感到好一点儿时，尽快重回练习，集中精神面对隧道内乘坐公交巴士的情况。

（3）恢复稳定。

无论你是持续该情况或暂停后重回该情况，都应该保持耐性，给自己足够的时间让焦虑缓解，恢复情绪上的稳定。

（4）继续。

当你恢复平静的情绪，成功克服焦虑后，可以尝试提升到下一级别，进而面对更高级别的焦虑程度。若未能完全克服当前情况的焦虑，你可以重回低一级的情况再次练习，但不要感到气馁，因这是“面对焦虑”练习经常会出现的情况。只要保持恒心，反复尝试，一定能获得成效。

三、有关“面对焦虑”的疑问

不少人初次听到“面对焦虑”这个方法时都心存疑虑，下面解答你可能想到的问题。

（1）我一直想开始直接面对及克服焦虑，但总是很难踏出第一步！

踏出第一步面对的困难绝对可以理解，因为你希望面对的正是已逃避多时的情况。很多成功运用该方法的人都会发现，开始前的忐忑和焦虑往往比直接面对时的恐惧更强烈。等到实际面对时，大家会发现，其实真实情况并没有想象中那么恐怖。这里建议大家选择一个较简单及容易应对的第一步，以熟习各个步骤，先感受该方法带来的成效。一旦你开始了，就会发现继续下去并非如想象的那么困难。

（2）我在某个步骤停滞不前，已经反复尝试了可还是失败，怎么办？

如上文提及，你可以尝试重回前一级别重新面对。如前一级别已经成功克服焦虑，但始终不能再上一级，就应检查一下这两级之间的差距是否太大。你可以尝试在两级之间加入一些中间步骤。如上面提及的焦虑分级表例子，若你已成功克服“在公司找相熟的同事模拟开会汇报”，却始终未能“在其他同事汇报工作进展时提出意见”，你可以先尝试运用下面环节所介绍的“意象面对焦虑法”，“想象自己正在公司会议中发表意见”时的情景，成功后再尝试在其他同事汇报工作进展时提出意见。

（3）进入焦虑情况后，我的焦虑是否会一直上升，不会下降?

越深入焦虑情况，焦虑感越强烈，这是很自然的现象，但这并不代表焦虑感会一直恶化。相反，焦虑感增强代表你真的找到了问题所在，而且正在主动解决。我们刻意让焦虑感上升，目的是为了寻找方法，让其自然消退。每一刻的焦虑感觉都意味着你正在慢慢熟悉这种感觉。请谨记，没有哪一种焦虑感觉可以永远持续，它终究会消失。若你处理得当，焦虑感会在上升后慢慢消退。当然，如果你感到焦虑感上升过分强烈时，可以暂停，让自己暂时休息一下。

（4）我应该多久进行一次练习，每次要花多少时间?

“面对焦虑”练习不是比赛，没有谁快谁慢之分。你可以自己控制节奏，定下一个练习频率来练习，一星期练习三次是个不错的练习频率。每次练习最起码要进入一次焦虑情况，并且准备足够的时间让自己稳定下来。如果你能用一段较长的时间，反复练习面对同一情况，效果会更理想。当然，你不应强迫自己在感到乏味或劳累时坚持练习，过分强迫自己会降低你的动力。

（5）我希望找一位可信任的朋友或家人陪我练习。我应该怎样跟他们解释这套方法，他们又需注意什么呢?

克服焦虑的最终目标，是能够独自面对引起恐惧的情况，但处于练习的瓶颈位置时，有一位可信任的人在身边陪同，可以提供极大的帮助。要让他们明白“面对焦虑”这项练习，你可以将本书给他们读一读，也可以邀请他们帮助你设计焦虑分级表。你可以提醒他们，他们的角色是陪伴、鼓励和支持，但绝对不是勉强、强迫你。所有尝试都应出于自愿，选择进入哪个情况或何时暂停，应该由你自己决定。你可告诉他们在你练习时他们可以做些什么，譬如站在你身边，跟在你后面，或者握着你的手等。成功以后，给自己或陪伴者一个小小的奖励，如一个拥抱，一顿晚餐，或者简单的如一些小零食，都可以提升大家的乐趣和动力。

（6）我要克服的焦虑并不能经常在日常生活中遇到（如乘坐飞机，或担心未发生的事），我该怎么办?

你可以运用下一节介绍的“意象面对焦虑法”来应对这些情况。“意象面对焦虑法”和上述步骤大同小异，都要订下目标，设计“焦虑分级表”，不同之处在于“意象面对焦虑法”是运用你的想象力，帮助自己面对该情况下的焦虑。

提示你

作为患者的朋友或家人，你可能不太清楚如何帮助他们面对焦虑，你可以谨记以下应做和不应做的事。

你应该

☑ 帮忙找出练习过程中患者遇到的困难

☑ 给予客观的意见

☑ 态度保持正面

☑ 有耐性

☑ 尝试从患者的角度，理解他们的恐惧

你不应

☒ 批评患者的表现

☒ 勉强患者

四、意象面对焦虑法

这套方法是通过想象焦虑的情况，以达到克服焦虑的目的。意象面对焦虑法整体上跟“面对焦虑”的步骤一样，不同之处在于集中运用了意象技巧，主要针对一些不容易在现实中直接面对或将来可能会发生的事而引起的焦虑。你也可以将意象技巧穿插在实况练习中，运用该意象法为你的实况练习作事前彩排。

意象面对焦虑法包括以下步骤。

步骤一 列出所有焦虑事件，给你的焦虑区分等级

用前文提供的“焦虑分级表”，把所有让你感到焦虑的情况列出来，由焦虑程度最轻的情况开始，把所有的焦虑情况按程度排列。

步骤二 放松

找一个不会受打扰的时间和环境，首先花数分钟时间，用第五章介绍的方法帮助自己放松。你可以同时想象一些愉快的情景。

步骤三 想象

在开始练习时，可以想象在分级表中最低级别的情况。你可尝试集中想象你在该情况中看到和听到些什么，有什么生理反应，景象要具体和明确。当这些景象鲜明地出现在脑海时，请你维持想象这些景象，直至焦虑感慢慢散去，这个步骤是面对焦虑的关键。若你感到焦虑过分强烈，可以暂停想象，尝试重做步骤二，让自己放松一下，或者休息一会儿，待焦虑情绪平复后再作尝试。

步骤四 继续

若你成功克服以上情况，可以进入下一个级别的情况继续练习。

“面对焦虑法”和“意象面对焦虑法”是改善焦虑十分有效的方法，它们能切断焦虑情况和焦虑反应之间的联结。

以上详细介绍的“面对焦虑”的重要技巧，也可给你一个整体处理焦虑的原则，让你运用到面对日常的恐惧上。

面对焦虑时，不要逃避，尽量允许自己习惯焦虑的感觉，以便慢慢减轻焦虑。需要时运用暂停技巧，自我调节焦虑，增强自我控制感。

若焦虑太难面对，可考虑循序渐进，由较易面对的情况开始，或运用意象技巧先作彩排。

当然，“面对焦虑”这种方法有时并不容易实践，特别是初期和中间来到瓶颈位置时，都会令人感到气馁。但记住：只要你坚持到底，焦虑就会渐渐减退。你也可以找个对这种疗法有认知的治疗师来帮助自己，可能见效更快。

五、结语

拥抱挑战需要勇气和决心，面对焦虑的暴露疗法，是已知的最有效改善焦虑的方法之一。当你付出努力和毅力，在练习中体验到焦虑程度下降时，你一定会感到很大的满足，以及由此而来的成就感。

假如你真的感到这一章的练习太难，我们建议你向专业人士求助，特别是一些熟悉认知行为疗法的治疗师，在他们的引导下用该疗法去克服焦虑问题。

请运用以下焦虑分级表来为你的目标情况分等级，文中提供的例子可以作参考。

终极目标：	
焦虑程度（0~100）	焦虑情况
100	
95	
90	
85	
80	
75	
70	
65	
60	
55	
50	
45	
40	
35	
30	
25	
20	
15	
10	
5	

参考资料

【1】Barlow D H.2002.Anxiety and Its Disorders: The Nature and Treatment of Anxiety and Panic[M].New York:Guilford Press.

【2】Bourne E J.1998.Healing Fear: New Approaches to Overcoming Anxiety[M]. Oakland, CA: New Harbinger Publications,Inc.

【3】Bourne E J.2005.The Anxiety & Phobia Workbook（4th Ed.）[M].Oakland, CA: New Harbinger Publications,Inc.

【4】Wells A.1997.Cognitive Therapy of Anxiety Disorders: A Practice Manual and Conceptual Guide[M]. Chichester: Wiley.

下篇

焦虑自选疗法（下）

练习过上篇第五章至第七章的自疗方法后，你对如何运用认知行为疗法的技巧来帮助自己，相信已经有了一定的认识。这些技巧都是很具体和可行的，多加练习，自然可以减少焦虑。在焦虑自选疗法（下篇），会为大家介绍三种长远来说可减少焦虑的途径，包括第八章“自信我可以：提升自我效能自助法”、第九章“心静无烦忧：静观自助法”和第十章“正向心理，积极人生”。

产生焦虑情绪，其中主要的一个原因，是缺乏自信和自我效能感低落。假如你不相信自己有能力应付问题和掌控环境，自然较易产生焦虑情绪，这也是焦虑性格的人常有的特点。若想改善焦虑情况，可以学习第八章“自信我可以：提升自我效能自助法”介绍的提升自信和自我效能感的方法。当你的自信和掌控感增加，自然可以放松心情，面对挑战和困难，这是长久应对焦虑的良策。

静观（Mindfulness）是近年来心理治疗界颇流行的治疗和自助方法，对克服压力、焦虑及抑郁等情绪问题特别有效。其重点是学习抛弃偏见，以接受所有现实经验和活在当下的态度，来处理焦虑等情绪问题。将这些体验视为短暂和不断改变的事物，使自我和这些体验分开，不被其所困，这就是静观能够带给你的内在自主和空间。当然，要体验到这种好处，你须在日常生活中多练习静观。在第九章“心静无烦忧：静观自助法”，你会找到很多实用而新鲜的练习方法，依法去做，会给你带来一颗平静安稳的心。

第十章“正向心理，积极人生”，是全书的总结。我们每个人都需要活出一个正面积极的人生。假如我们在生活中能够多增加一些正面的能量，自然可以减少过分焦虑带来的负面能量。

在这方面，正向心理学（Positive Psychology）、接受和承诺治疗（Acceptance and Commitment Therapy）为我们提供了很多宝贵的研究成果和建议，特别是在价值观和品格培养方面。相信只要一个人能多培养乐观、勇敢、幽默的性格，努力增加社会交际，追求和培养灵性，长远来说可以减少焦虑的机会，提升应对焦虑的能力。不单这样，若你可以提升正面心理能量的话，你将拥有更精彩美丽的人生。

第八章 自信我可以：提升自我效能自助法

自信是走向成功的第一步，缺乏自信是失败的主要原因。

——文学家 莎士比亚（William Shakespeare）

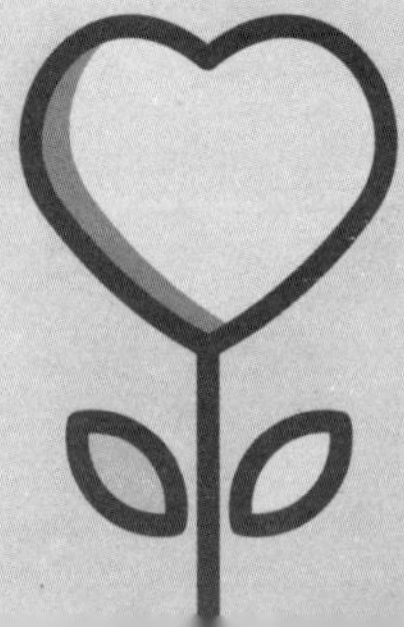

一、缺乏自信——焦虑的源头

你是否有过以下经历：在一些本来可以胜任的工作上，因缺乏自信或害怕被别人批评，结果实际表现与自己的能力相差甚远，令自己懊悔不已！为什么会出现这种情况呢？其实很多时候都是缺乏自信或自卑感作祟所致。

不可否认，自信心和焦虑的关系非常密切，甚至可以说，焦虑的源头往往就是缺乏自信。产生焦虑的原因，归根结底，是害怕和缺乏安全感。对自己缺乏信心的人最容易产生这种情绪和感觉，因为不信任自己应对问题和困难的能力，甚至觉得自己是个没用的、毫无价值的人！

二、自我形象

自我形象是个根本的题目。每个人在成长过程中都会形成一套对自己的看法，正面的自我形象和自尊感是我们每个人都需要的，这是心理健康的必备条件。可是，成长过程中的负面经验，会让很多人失去自信和自尊感。自我怀疑和自卑感使这些朋友面对问题时分外焦虑，容易产生负面的想法和情绪。

事实上，很多人心底里都存在一种不安和焦虑感，这源于负面的自我形象和自我评价。这些人自小就没有被肯定和接纳的经验，被父母或其他人不断地否定和责备，以致自我价值感很低，造成内心深处长期的焦虑感。每当他们遇到一些失败或别人的负面评价时，他们的焦虑感就会不受控制地引发出来，甚至一些比较中性或没有恶意的情境，也会造成以上结果。

自我形象低的人通常有以下表现：

- 缺乏安全感，容易感到受到威胁。
- 对别人的话非常敏感。
- 对攻击采取自我防卫的反应。
- 尽量回避困难和挑战。

你是否存在以上问题呢？你有一个健康正面的自我形象吗？

若想减少焦虑，建立正面的自我形象是必须下的工夫。只要留心一些自己一惯负面的自我陈述（如“我真是没用”“我总是把事情弄糟”“我的性格有太多缺点”），用第六章“思想起革命：思维自助法”的思想改造方法来改变这些自我陈述，渐渐地，你就能建立一个比较平衡和正面的自我形象，焦虑情况自然会有极大的改善。

告诉你

自信的力量

心理学上有一个著名的理论——“自我实现预言”（Self-fulfilling Prophecy）。研究人员把一群资质水平相同，智力只是普通水平的学生分成两组，告诉其中一组的老师该组学生是优秀儿童，另外一组则让老师当普通学生来教育。尽管两组学生之前的智力只是普通水平，8 个月后，之前被称为优秀儿童那组学生，竟然在测验中获得出色的成绩，老师对他们的评语也较好。

该理论说明，别人对自己的期望会左右自己的表现。事实上，这也适用于个人对自己的期望。有研究人员（Peterson et al., 1988）访问了一群大学毕业生，那些对人生前景感到乐观的人，毕业 15 年后比其他人的身体状况健康得多。

三、自我效能感

若想克服焦虑，培养自信是一个非常有效的途径。心理学研究认为，若要培养自信，最实际有效的方法就是增强自己的“自我效能感”，这也是本章的主题。

自我效能感（Sense of Self Efficacy）是指个人对自己能否完成一项任务的能力评估。研究自我效能感的权威专家班杜拉（Bandura）博士指出，当人们面对一项任务时，选择如何去处理问题，除了取决于个人对任务性质的认知外，还取决于他对其个人能力的评估。例如某人在决定是否接受升职的安排时，会评估自己是否有足够的能力去应对新岗位带来的挑战，这会直接影响他选择积极迎接挑战、勉为其难还是逃之夭夭。

1. 自我效能感的重要性

自我效能感也会决定一个人为自己订立什么目标、付出多少努力、面对困难时能坚持多久和有多少抗逆力。**一个自我效能感强的人，会把困难任务视为挑战，而不是把困难看作洪水猛兽，尽力逃避。**正面的态度有助于维持坚强的意志，增加成功的机会。

面对挫折时，自我效能感强的人会把失败归因于暂时性的技能不足或不够努力，这些导致失败的因素都可以通过努力去改善。因此，他们一般都能快速地从挫折中振作起来，并为自己订立新的目标，展现强韧的耐性与毅力。这一类人认为再困难的环境都有可以克服的机会。总括来说，自我效能感强的话，能够减少压力，增加成功的机会。

相反，一个自我效能感弱的人，会不时地质疑自己的能力，视困难任务为威胁，很难将自己的目标坚持下去。面对挫折，自我效能感弱的人会把失败看成个人不可改变的缺陷，倾向于选择放弃，忽略改正错误的可能。挫折轻易就会让这些人变得一蹶不振，他们也比较容易成为压力或焦虑的受害者。

你是哪一类人呢?

2. 焦虑与自我效能感

“自我效能感”在焦虑的早期阶段担当重要的角色。当一个人认为自己能够掌控眼前的困难和威胁时，他就不会对困难感到困扰。相反，当一个人认为他无法处理当前的困境时，就会感到非常焦虑，不停地思索自己的应对技能如何糟糕，把事情看成处处充满危机，夸大危机发生的可能性。

自我效能感可以再细分为以下两种。

应付困境的自我效能感（Perceived Coping Efficacy）：在面对困难时，对自己应付困难情况的能力作出的评估是关于自己的行为的。

控制烦扰思想的自我效能感（Perceived Efficacy to Control Disturbing Thoughts）：指在逆境时，对自己调节想法和情绪的能力作出的评估，指向自己的自控能力。

“控制烦扰思想的自我效能感”在面对压力和调节焦虑思想的过程中非常重要，若无法制止这些烦扰思想不住地在脑海中浮现，焦虑情绪就会不断增加。

自我效能感强的人，能控制他的思考过程，懂得引导自己多作正面思考。正面的思考能够帮助他们处理情绪，使他们不易受负面情绪牵制，焦虑自然较少。自我效能感弱的人，除了要应付困境带来的压力，还要承受因压力而引起的负面情绪困扰，如果无法妥善处理，就会影响正常生活。

总括来说，“应付困境”和“控制烦扰思想”的自我效能感能够联手对抗焦虑。大家若想增强应对焦虑的能力，就应学习提升自我效能感的技巧。

3. 左右自我效能感的因素

大家是否知道自己的自我效能感受哪些因素的影响呢？班杜拉博士的自我效能感理论指出，自我效能感的来源有以下四种。

（1）过去的成功经验（Mastery Experiences）。

过去的行为直接影响将来的行为取向。当一个人有过成功的经验，自我效能感会随之提升，让他相信持续付出努力便会成功，从而更有信心去完成下一个目标。自信和成功的关系就像蛋和鸡，成功的经验可以令我们增加自信，而自信也可以增加成功的机会。

（2）朋辈经验（Social Modeling）。

人会把自己与别人，尤其是与自己拥有相似背景的人作比较。当一个人观察到朋友可以通过持续的努力获得成功时，也会相信自己有能力达到目标。

（3）朋友游说（Social Persuasion）。

相信你自己也有过这种经验，无论情况多么恶劣，只要有一些你认为重要的人给你鼓励，你的自信心马上就会提升，促使你更加努力地尝试解决问题。相反，若别人对你表示怀疑，你的自信心可能就会相对减少，也较难坚持下去。

（4）身体和情绪状况（Somatic and Emotional States）。

一个人的身体和心理状况，也会影响个人的自我效能感。通常在身体欠佳或心情低落时，对自己的评价也容易变得负面。

告诉你

你也可以成为乔治！

有一则小故事在网络上广泛流传，虽然真假无从考证，但不影响其背后的意义。这个故事正好说明了自我效能感与焦虑和成功之间的关系。

美国有一名叫乔治的推销员，成功地将一把斧头推销给布什总统。布鲁金斯学会得知这一消息，把“最伟大的推销员”的荣誉授予他，乔治也成为1975年以来该学会唯一授予该荣誉的人。

布鲁金斯学会创始于1927年，旨在培养世界上最杰出的推销员。学会每年都会设计一道实习题，这一年的题目是：把一把旧斧头推销给布什总统。

许多会员知难而退，他们想到以往向普通民众推销商品都处处碰壁，更何况要向总统先生推销一把旧斧头，所以他们都认为自己不可能做到。再者，总统什么都不缺，即使缺少什么，也用不着他亲自购买。“即使他亲自购买，也不一定要从我这儿买。”有些学员想得更远，他们甚至想自己连一把旧斧头都卖不出去，还是不适合当推销员，当然一辈子也会一事无成，结果自然是越想越焦虑。

乔治是如何做到的呢？他这样解释：“我认为我有能力将一把斧头推销给任何人，包括布什总统。我知道布什总统有个农场，里面种了许多树，于是我给他写了一封信，说：‘有一次，我有幸参观你的农场，发现里面种了许多树，有些已经死掉，木质已变得松软。我想，你一定需要一把不甚锋利的斧头。我这里正好有一把这样的斧头，它是祖父留给我的，很适合砍伐枯树。假若你有兴趣的话，请回复……’最后他就向我买了这把旧斧头。”

有一句格言，跟这则故事刚好相合：“不是因为有些事情难以做到，让我们怀疑自己的能力，而是因为我们怀疑自己的能力，以致有些事情难以做到。”

你想成为乔治吗?

4. 如何提升自我效能感

班杜拉博士认为，人人都可以成为乔治！假如某一天你那位当推销员的朋友向你诉说他感到自己有多糟糕，是全公司最差劲儿的推销员时，你可以教他以下四招（当然，你也可以先自学来帮助自己）。

第一招　终生学习。

没有人会怀疑知识和技能能够提升应付困难的能力，所以学习是很重要的。列出你想改变自己或学习的地方，并为它们排一个先后次序。选择生活中的某一方面，努力改变或学习，不要试图一次改变太多方面。选定需要学习的内容后，为自己订出一个可以达到的目标，并计划达到目标的步骤。通常这些步骤的难度都是逐步增加的，最好的方法就是由自己有信心做到的难度开始，反复练习至非常纯熟的境界。当你在较低的难度上取得成功，自然更有信心挑战较高难度了。

第二招　观察和模仿。

在身边找一个或多个值得模仿的对象，再找出他们表现得最出色的地方来仔细观察。你模仿的对象应该是一个合适的典范，而不是一个不切实际的偶像。观察的内容包括他们的准备工作、语调、用词、表情、临场反应、察言观色技巧等。如情况许可，最好能邀请你的模仿对象作导师，向你分享他如何学习和克服障碍。

资料整理好后，再选出切合自己需要的技巧，有计划地逐步尝试模仿。模仿过程中可能会遇到一些困难，不妨先由容易做到的地方开始，耐心尝试。通常尝试中获得一次成功，自我效能感便会增加一点了，经过多次成功经验的积累，你的自我效能感便会愈来愈强。

讨论区

自卑心作祟

达强是一个自信心薄弱的人，经常为自己的工作表现担忧不已。尤其是上司安排自己和别人合作的时候，他觉得搭档在各方面都比自己强，恐怕对方会看不起自己，所以与同事合作时感到压力很大。在与搭档开会的前几天，他总是忧心忡忡，食不甘味，夜不能眠，无法集中精神做事，觉得搭档比自己优秀的想法总是挥之不去。他明知这样的态度和想法毫无益处，但看到搭档和上司在一起时谈笑风生，轻松自如，就更控制不了自己既忌妒又自卑的心态。

想一想

❶ 如何帮助达强把忌妒转化为一个学习的机会呢？

❷ 你身边的人有什么令你欣赏和值得你学习的地方？

第三招　自我说服。

对自己好一点儿，不妨对自己做得好的地方给予赞赏，切忌对自己过去的失败或错误耿耿于怀。要学会对自己作正确的分析，谦虚是必要的，但不必妄自菲薄。多看自己的长处，多回味自己以前成功的经验，并且不断地进行自我说服和自我激励。如“我有能力做好这件事”“我上次都能够克服困难”“别人做得到，我也可以做到”等。也可以把自己做得好的事情写下来，有空多看看。假以时日，自我效能感自然就能够培养出来。

讨论区

跌倒再站起来！

自从发生车祸后，慧明对于任何有关车和马路的事物都会产生莫名的恐惧。此外，她也经常责怪自己，觉得是因为自己平日不够小心才导致发生交通意外。渐渐地，慧明对自己失去了信心，经常挑剔自己日常生活中的错处，觉得自己的表现非常差劲。

慧明的好朋友小美知道她的情况后，不断地鼓励慧明，有时写电邮或发短信来肯定她的表现。小美还提议慧明完成工作后，去做一些奖励自己的活动，例如买一些小礼物给自己，或是光顾一间自己喜欢的餐厅。慧明发觉按小美的建议去做之后，自信心的确渐渐增强，自责也减少了，不再那么容易联想起与车祸有关的事情。

想一想

❶ 为何慧明会失去自信心呢?

❷ 你认为什么最能帮助慧明重建自信呢?

第四招　身心健康。

多留意自己的身体状况，你会发现人在生理、心理状况欠佳时，往往会低估自己的能力，倾向于对自己作出负面的评价。找个心情开朗的日子，尝试实践之前定下的计划，或挑战自己感到焦虑的事（当然是寻找一些力所能及的事情作为起点），成功的机会会较大。

还有，日常生活中要保持定时作息、适量运动、多吃有营养的食物和发展兴趣爱好等，这都有助于保持生理与心理健康。若想增强自信心，就要爱惜自己，好好对待自己的身心。

四、抽丝剥茧解难法

除了多练习以上介绍的方法外，你还可以尝试使用下面介绍的“抽丝剥茧解难法”，解决一些简单的日常生活难题。当你的解决困难问题的能力提高，你的自信就会相应增长，发现自己的能力比想象中高，你克服焦虑的能力就会再次增强。

这个解决难题的方法很容易学，可以帮助你处理日常生活中的问题。通过把问题定位和分析，你会清楚地看出哪个解决方法才是可行的，避免因心急而草率行事，也可以减少焦虑。

以下是解难六步曲。

第一步　难题定位。

当你发觉事情开始不对劲时，立刻把问题锁定。如同一时间有多个问题存在，可以分开处理每一个小问题。在练习初期可以先找一些比较容易解决的问题。

第二步　头脑风暴（Brainstorming）。

尽量找出任何有助解决问题的方案。不要担心那些方案是否可行，可能有些方案看起来不太可行，甚至有些天马行空，但不代表这些办法完全没用。一些从来没有想过的方法可以打破你旧有的观念，开阔你的思考范围。

第三步　计算成效。

研究收集到的资料，评估每一个方案的可行性及效能。每个人的价值观都不同，大众认同的目标并不一定和自己的一样，要想清楚自己想要达到的目标到底是什么。你可以在每个可能的办法之下，分别列出好处与坏处，分析它们的短期和长期成效。

第四步　作出决定。

选出自己认为最好的解决办法，仔细拟定实际的执行步骤。

第五步　执行方案。

根据之前想到的执行步骤，落实解决问题。

第六步　事后评估。

回顾整个解决难题的过程，评估整体结果，再把所学到的技巧应用到其他生活问题上。当然，世事未必尽如人意，有些方法可能行不通，或者最好的方法也无法带来理想的结果。当你尝试用以上方法处理问题时，已经给自己一个建立自信的机会，下一次自然可以做得更好。

五、结语

人生并不完美，有时在困难之中，我们会觉得自己好像对任何事情都无能为力，完全失去自信。但请你记住：人生旅途其实很漫长，今天失败并不等于明天没有机会成功。何况不论情况如何，你都不会束手无策，至少你有培养自己积极乐观态度的能力。

对未来怀有希望可以令自己更有自信，而相信自己的力量则令你期待未来。已经有无数研究指出，自信、希望和乐观的人生态度对身心有益。自信和乐观好像管和弦，两者一起可以助你谱出美妙的协奏曲，这样的人不那么容易感到焦虑。

实战区

焦虑的情景

（1）试回想过去一次学习成功的经验，回顾一下该过程中自己的努力和坚持，克服困难的毅力，花费的心思和时间。

简述学习成功的经验：______________________________

____

坚持不放弃的原因：______________________________

____

自我激励的方法______________________________

学习到什么：______________________________

对未来面对挑战的启示：______________________________

请列出值得自己借鉴的地方：______________________________

（2）在各种提升自我效能感的策略中，你觉得哪些策略最适合自己采用？

策略 A：______________________________

策略 B：______________________________

策略 C：______________________________

（3）过分自我批评的声音往往最打击自信，请反思一下你有哪些负面的自我陈述？你可以用什么正面的自我陈述来代替呢？

例如，负面自我陈述：我总是克服不了紧张的情绪，真是没用！

正面自我陈述：紧张是正常的情绪反应，我可以慢慢地适应和调整，我也有很多其他的优点，例如做事认真负责等。

你的负面自我陈述：______________________________

你的正面自我陈述：______________________________

（4）在对抗焦虑的过程中，你可能吃过不少苦头。请亲友在以下打气卡写上鼓励自己的话，感到气馁时，可以拿出打气卡来看看，为自己注入正能量。

例如，笑一笑，明天会更好！

相信自己，希望就在眼前！

我一定做得到！

打气卡

送给自己的打气话：

____

____

____

参考资料

【1】Bandura A.1977.Self-efficacy:Toward a unifying theory of behavioral change[J].Psychology Review,84:191-215.

【2】Bandura A.1994.Self-efficacy[M]//V S Ramachaudran（Ed.）.Encyclopedia of Human Behavior（Vol. 4:71-81）.New York: Academic Press.（Reprinted in H Friedman [Ed.]. Encyclopedia of Mental Health[M].San Diego:Academic Press,1998）.

【3】Peterson C ,Seligman M E P,Vaillant G E.1988.Pessimistic explanatory style is a risk factor for physical illness: A thirty–five–year longitudinal study[J]. Journal of Personality and Social Psychology, 55:23–27.

【4】Rosenthal R,Jacobason L.1968.Pygmalion in the Classroom: Teacher Expectation and Pupils' Intellectual Development[M].New York:Holt, Rinehart and Winston.

第九章　心情无烦忧：静观自助法

唯过去的事早已消失，未来的事更渺不可知，只有现在才是真实的。

——哲学家 弗朗西斯·培根（Francis Bacon）

一、离开焦虑沼泽

焦虑情绪就像一个沼泽，你越努力想去避开焦虑或恐惧，就越被这个泥沼吸住。就像一个被捆绑的人，越是挣扎，绳结就会缠得越紧。同样地，越命令自己不用紧张害怕，你的心可能跳得越快。

到底问题出在哪里呢？要对付焦虑，不一定越努力越好，要视你的方法和态度是否正确。在这一章，你将会学到一种很管用的方法，它可以说是一种生活态度和实践方式，称为“静观”（Mindfulness）。

“静观”源于东方的哲学思想和实践，近年来广泛地被西方心理学家和心理治疗师推广和采用。虽然它与东方的冥想修行有很深的渊源，但它并不与任何宗教信仰有必然的冲突。在生活中践行“静观”态度，可以与前面介绍的思维和行为自助法相辅相成，弥补相互的不足，令大家能更好地应对自己的焦虑。

二、静观

1. 接受比对抗好

“静观”（Mindfulness）是怎样的一种生活态度和方式呢？

首先，它是一种接受和不判断的心理状态。负面情绪如焦虑等为何如此折磨人呢？只因我们对这些情绪自然地产生抗拒的心态，内心早就认定人生应该是快乐平安的，任何痛苦和不愉快的情绪都是不好的，无论如何都应该尽量避免。于是，当遇到焦虑不安的情绪时，我们就会非常抗拒，反而更容易被这些情绪牵动，形成恶性循环，负面情绪不断增强。

为避免落入这种恶性循环，最好的方法就是“接受”——学习接受人生的真相。

人在一生之中难免会有高有低，有顺有逆，有得时有不得时，痛苦和不幸无法完全避免。既然如此，为何我们不以平和豁达的心胸去面对和接受事实呢？接受代表你愿意以诚实开放的态度，以澄澈的目光去审视真相，而非只看到自己想见到的。

想一想？？

❶ 在你的人生中，有哪些事情或经历是你一直不愿接受的呢？这些事情是否就是令你经常焦虑的原因呢？

____

❷ 你能用什么方法让自己接受那些不愿意接受的事情呢？

____

2. 谁有百分之百的把握？

“静观”的另一种态度就是接受人生的变幻无常，这也是生命的现实。焦虑的人常犯的毛病，就是要求对环境有百分之百的掌控，不能容忍任何出乎自己意料之外的负面事情出现。所以，焦虑的人往往会用很多的精力和时间去采取预防措施，以确保万事都安全稳妥。例如在脑海中重复搜索任何可能出错的地方，然后做足针对性预防措施，并不断检查是否有做错或遗漏的地方。

这种希望确保万无一失的心态和行为，只会令你的生活变得惶恐和沉重，毫无乐趣可言，甚至令你神经兮兮，像绷紧的橡皮筋一样。你付出的代价，其实远远超过这些行为带来的好处。与其这样，不如以坦然的心态去接受有些意外是无法避免的这一现实，只要你尽了合理的努力去掌控环境，就已经足够。坦然放手，比紧紧捉住来得更轻松自在！

想一想？？

❶ 在生活中，哪些地方你会要求百分之百的保证和把握？这是否会为你带来沉重的压力和焦虑？

____

❷ 你如何学习放开，接受生命本身就包含着一些不稳定和不肯定性这一现实呢？

____

3. 抽离不批判

人的烦恼往往源于不断追求自己的欲望满足和快乐，极力想去逃避任何痛苦和不快的情况。我们的情绪时常被此牵动，自添烦恼。

“静观”的态度就是学习用一种抽离、不批判好坏的眼光去看待自己的经验。能做到这一点并不容易，你必须愿意暂时放下“自我”，也即将自己的好恶欲念放在一旁，以冷静平和的心态去迎接所有经验，不分好坏。

如何能达到抽离不批判的境界呢？可以尝试将“我”的经验说成“你”的经验，例如：

“我不能再忍受了”变成“你不能再忍受了”。

“我讨厌自己”变成“你讨厌自己”。

“我害怕得要命”变成“你害怕得要命”。

这样对待自己的经验，可以为自己制造一个心理空间，将自己与自我的经验分离。抽离一点，就可以看得更全面，更清楚。

为求达到抽离客观的效果，你可以想象：

（1）自己一个人坐在电影院内看电影。

（2）影片的主角是自己，内容是自己的全部经验，而你又是席上的观众，试用观众的身分去看待自己的所有经验。

（3）你还可想象自己同时是站在放映室内放映电影的放映员，一边放电影一边注视着电影院内作为观众的你。

（4）至此，你应该能够比之前更能抽离自己的经验，因为你是从两种角度去观看自己的经验的。你不单是正在经历各种事情的“当局者”，也是那位抽离的“旁观者”。

假使你不会抽离的话，很容易将自己等同于自己的感受，将自己与自己的焦虑或恐惧等同，以为自己是个“焦虑的人”。当你可以抽离，就会发现其实你只是经历了一些焦虑的感觉，仅此而已，实在没有什么值得害怕的！

三、活在当下

人的大脑很神奇，它能发明最尖端的科技，将航天员送上月球，又会发明互联网克服空间的距离，但人脑同时也会自制无数的烦恼和痛苦。一只狗不会担心明天可能发生的事，或牢牢记住儿时的惨痛经历。但人却相反，我们的心思意念往往集中于对过去的遗憾，或是对将来的忧虑，却忽略了眼前，忘却了当下，因而产生各种负面情绪。

要挣脱这些负面情绪，最好的办法就是培养活在当下的心态，让自己集中所有精力，留心此时此刻自己意识中的一切经验，包括自己身体的感觉、感官的体验、心思意念的活动等。不要小觑这个练习，其实它并不简单。平时我们很容易被一些内心的情绪或思绪缠绕，以致没有完全感受或留心当下发生的一切，使我们失去很多有趣和宝贵的经验。

活在当下练习

（1）留意现在你手中这本书的重量和接触这本书时产生的触觉。

（2）留心你身体的感觉，如身体接触椅子的感觉，感受一下身体的重量、背靠椅背的感觉、双脚踏在地上的感觉。

（3）留心你的呼吸，感受空气如何进出你的鼻孔，留心呼吸轻重缓急的节奏。

（4）留意脑海中浮现的任何意念，但不要对它们加以判断，试着以观察者的身份去观看它们，让它们自然地来，自然地走。

（5）留心倾听你四周的声音，但不要以喜恶的心理去判断这些声音。

刚开始，你可能不习惯这种专注的状态，或感到很不自然，甚至有些紧张。但只要你坚持练习，便可以渐渐体会到专注放松的好处，感受到内心一种很特别的宁静和安稳。我们每个人天生都拥有进入“静观”这种状态的能力。这种练习可以帮助大家从专注自己的烦恼中释放出来，扩大自己的经验，更留心此时此刻体验的一切。

四、完全进入自己的体验

面对焦虑和恐惧，我们总是尽量去逃避这些经历，以致很少认真地去了解这些负面情绪，了解它们对于我们人生的意义，寻找更好的方法去面对它。当你能够以平常心去接纳现实，不要求自己完全掌控环境，以抽离不批判的态度去面对自己，并能够专注地活在当下时，你就可以让自己完全进入体验里面，细心体会其中丰富而实在的感觉。

要完全浸入自己所有的体验，你需要放下欲望，不要企图去改变任何感觉，即使那些感觉令你非常难受。你需要完全信任自己的能力，相信自己可以拥抱任何感受，这样你才可以更深入地认识自己，发掘自己内在的空间，让自己静心聆听每个体验和感受想告诉你的事情。**让体验成为你的导师，开启自己心灵深处的秘密，触碰最深层的真我，这就是“静观”的妙处。**

拥抱经验练习

（1）现在试着感受一下自己的感觉，不要立即作出任何判断，尝试以开放接纳的心态去面对。

（2）留心有什么感受是叫你不安或焦虑的，不要害怕或逃避那种感觉。它对你的伤害有多大，由你自己决定，只要尝试以开放及好奇的心态去体验和了解这种感受，将它看作你的朋友，努力明白它正在向你传递的信息。

（3）欣赏自己可以勇敢坚定地拥抱自己的体验，你对自己的认识就又向前跨了一大步。你可能感觉自己已经没有之前那样惧怕自己的感觉或情绪了，而能视它为你的一种体验而已。

当你尝试拥抱个人的焦虑和恐惧时，你就知道“自己”并不等同于感觉。**无论你的感觉让你怎样害怕，它也只是一种感觉，**

迟早会过去的。你越想逃避或对抗这种感觉，你就越可能被它缠住。以欣然接纳的心态去迎接它，才是最明智的选择。

五、培育仁慈和怜悯的心

在“静观”之中，你不仅只对自己的体验开放，更要培养自己仁慈和怜悯的心。

仁慈（kindness）是指你以善意看待自己、别人和万物。这是爱的能力，要学会用爱的眼光去接触这个世界。

怜悯（compassion）与仁慈不可分割，怜悯是愿意开放自己，去感受和体会别人的痛苦和不幸。

不单对别人是如此，对自己也应这样。很多时候我们都有双重标准，对别人抱有怜悯的心，但对自己却极为苛刻。要记住，不能接纳自己的人，也很难真心去对别人表示怜爱，所以你要以仁慈和善意来对待自己。

焦虑紧张的你可能经常对自己说些苛刻自责的话，使自己的负面情绪火上加油，其实这样做没有任何益处。你应当培养一颗对自己宽容怜爱的心，在平静中接纳自己。请尽量感受对自己发出的善意和爱心，拥抱自己，视自己为最好的朋友。

培养仁慈心练习

先用深呼吸来放松自己，然后在心中重复以下自我陈述：

“我爱自己。”

“我以慈悲对待自己。”

“我心里充满平安与祥和。”

六、“静观”生活

1. 静观地吃（Mindful Eating）

因过分专注于自己的情绪和烦恼，你会忽略生活中简单的乐趣和喜悦。如果你能在日常生活中寻找机会练习一颗觉知的心，渐渐地你自然会更容易感到平凡的喜悦，其中一个较易做的练习就是静观地吃。

当你吃东西时，可以试用以下方法。

（1）慢下来，专注。

（2）细心观察你的食物。

（3）留心食物的颜色、纹理、形状等。

（4）用鼻子去感受一下食物的香味。

（5）将食物放在唇边，轻轻地触碰一下。

（6）用舌尖去触碰一下食物。

（7）将食物放入口中，但不要咀嚼，感受一下食物在口中的感觉。

（8）很慢很慢地一口一口咀嚼食物。

（9）留心食物味道的每一个变化。

（10）感受食物如何进入你的食道。

（11）尝试运用静观进食法，最少用40分钟来进食一餐。

假如你使用以上方法进食，你会渐渐感到内心变得平静，也更能享受进食的过程。

告诉你

慢食运动（Slow Food Movement）

由意大利人彼得里尼（Petrini）发起的慢食运动，提倡在细嚼慢咽之中充分品尝食物的原味，鼓励我们多进食天然健康的食品。到现在为止，慢餐组织已在全球一百多个国家吸引了8万多名会员。

要试试慢食的感觉，可以学习细细咀嚼食物，例如吃出饭菜的原味后与人分享食物的美妙之处。或者多和朋友一起进餐，在轻谈浅笑中慢慢享受一顿晚饭。虽然我们有时会用“慢吞吞”等字眼来责怪别人行动缓慢，但记住，慢未必等于不好！

2. 静观地行（Mindful Walking）

如果你到商业办公区或地铁站走一走，不难发现现代人都是非常匆忙的一族，每个人都只知道向前冲，内心可能充满了焦虑和烦躁，难怪这么多人患上高血压和心脏病！

你可以有不同的选项，就是静观的步行方法，这可以帮助你平静下来，享受简单的动作，步骤如下。

（1）先停顿一下。

（2）慢慢呼吸。

（3）开始步行，留心你双脚的肌肉——脚底、脚跟、小腿、膝盖、大腿，感受一下它们。

（4）假使有扰人的思绪出现，只要静观它们，视它们如天上的浮云一般，不用判断好坏。

（5）将注意力重新放在双脚和身体上。

（6）现在，留心自己的每一个动作——前脚和后脚的配合、身体的平衡、步行动作的节奏等。

（7）在留心身体摆动的同时，也留心自己呼吸的节奏。

（8）用这样的方式慢步至少 5 至 10 分钟。

每天都做这种步行的修炼，有助于减少焦虑和压力。你也可以变换不同的步行方式，例如一边步行一边将注意力放在四周的事物上。

3. 静观呼吸（Mindful Breathing）

要修炼静观的心，练习呼吸是一个最基本也是最重要的方法。

你可以按以下步骤练习。

（1）先找一个宁静舒适的地方。

（2）找一个让自己感觉舒适的坐姿，但一定要坐直身子，双脚平放于地，或盘膝坐在地上。

（3）将注意力集中在自己的呼吸上，自然地呼吸，不要刻意用力深呼吸。

（4）留心自己的一呼一吸，空气如何进出你的鼻孔。

（5）留心自己每次呼吸的轻重、快慢、节奏的缓急。

（6）留心呼吸时身体的感觉，你的胸部、腹部以至全身的变化。

（7）当你发现自己的注意力被一些思绪分散了，不用气馁，这并不代表失败，而是正常的现象。你只需观察一下自己的意念和思想，不作判断，然后叫自己再度专注于呼吸就可以了。

七、让“静观”成为一种生活态度

以上谈的都是“静观”的意义和实践方法。研究显示，经常练习静观的人，可以减少自己的压力和焦虑，体会到更多的平静和松弛。

其实，静观的好处不限于此，还可以让你用平静豁达的眼光去看待事物，能够将自己与自己的感觉和思绪分开，有更大的空间去反思和选择。所以，静观不仅是对付焦虑的好方法，更是对待自己情绪的基本态度，使我们不轻易冲动，避开情绪的缠扰。

告诉你

不可思议的冥想／默想

脑神经学者戴维森（Davidson）利用脑电图（EEG）来观察长期修炼冥想的僧人和普通人大脑活动的区别。他发现正在练习冥想的僧人，会发出Alpha波这种脑电波，而平时我们只有在极度放松的时候才会发出Alpha波。另外，在练习冥想的时候，僧人脑部左侧前额叶皮质比正常人活跃，这个区域同时是我们大脑对正面情绪作出反应的中枢。总括来说，冥想／默想是极度放松又高度警醒的状态。

长远来说，冥想／默想可以为身心带来许多好处，例如：

- 减少血液中与焦虑情绪有关的乳酸盐（Lactate）。
- 降低血压。
- 加强血液循环。
- 缓慢深长的呼吸。
- 减慢心跳。
- 舒缓紧张。
- 增强创作力。

冥想／默想就像大脑的运动，多练习举重我们的手臂会变得粗壮，多练习冥想／默想我们的大脑会变得强健。

八、结语

建议刚开始练习“静观”的时候，不要定下太难的目标，因为这容易让人气馁。你可以每日用 5 分钟来练习“静观”，不论是静观呼吸、静观步行或其他专注力练习。当有了一定经验之后，可以延长静观的时间，深化自己的体验。

在日常生活中，遇到不愉快或有压力的事情时，尽量采用接受、不批判的态度去面对，这是让自己心境平静的窍门。

参考资料

【1】Benson H.1976.The Relaxation Response[m].New York: Morrow.

【2】Davidson R J.2002.Toward a biology of positive affect and compassion[M]// Richard J Davidson，Anne Harrington（Eds.）.Visions of Compassion: Western Scientists and Tibetan Buddhists Examine Human Nature.Oxford: Oxford University Press.

【3】Petrini C.2007.Slow Food Nation: Why Our Food Should be Good, Clean, and Fair[M].Translated by Furlan C,Hunt J.New York:Rizzoli Ed Libris.

【4】Singh Khalsa D.1997.Brain Longevity: The Breakthrough Medical Program That Improves Your Mind and Memory[M].New York:Warner Books.

【5】Wallace R K.1970.Physiological effects of transcendental meditation[J]. Science, 167:1751–1754.

第十章　正向心理，积极人生

当知道自己生存的目的时，那么日子怎么困难也不再有关系。

——无名氏

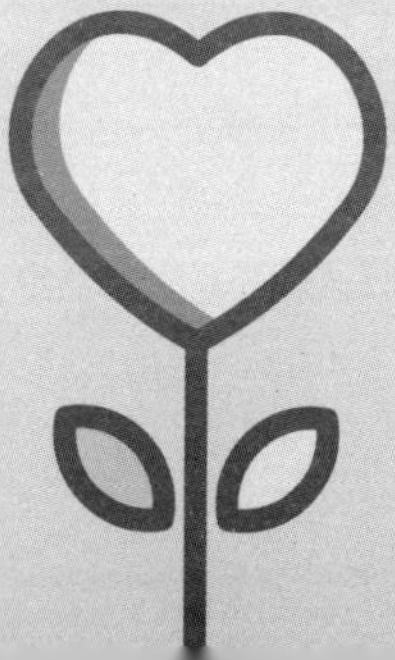

在本书最后一章，我们希望与大家探讨一个非常重要、与焦虑有重大关系的课题：价值观与品格的培养。也许你以为这两者与焦虑问题风马牛不相及，但其实它们之间的关系大有玄机，非常重要。

焦虑的本质就是害怕失去我们重视和视为珍贵的东西，以及害怕失去之后承受的结果或情况。我们重视的，就是我们认为有价值的。每个人都有一套自己的价值观，不论自觉还是不自觉，这套价值观都在推动和影响自己的每个决定和行动。能够得到自己重视、视为有价值的东西，自然会心满意足。反之，若得不到或失去自己所重视的东西，情绪就会大受打击。因此，某种程度上，我们每个人都害怕失去自己看重的，这也是焦虑情绪的源头。

然而，每个人的价值观都不同，这也直接影响我们的焦虑状况。假如我们重视的东西容易失去的话，我们焦虑的概率也会大增。反之，假如重视的东西不易失去，焦虑的概率自然就会减少。因此，你重视什么，很有可能影响你的焦虑指数。

什么是容易失去，什么是容易保留的呢？相信这个问题没有简单、绝对的答案。大致来说，我们认为物质的东西较易失去，如金钱、身体健康、财富等。如果我们过分重视物质层面的东西，就比较容易产生焦虑，因为这些东西都不完全受我们控制。

相信你一定见过一些活生生的例子，一些对物质条件过分钻营的人，很容易产生焦虑情绪。股市、楼市的上上下下，投资资产的涨涨跌跌，都时时牵动这些人的神经。事实上，很多人的焦虑都与物质上的安全感和富足有关，例如害怕失业、害怕财富损失等。

相比之下，重视精神层面或心灵富足的人，焦虑的情况可能较少。他们追求的主要是个人成长、心灵满足、品格培养、成熟的性格等个人特质，这些都可以通过自己的努力不断增加，获取后较难失去。因此，重视精神层面多于物质层面的心态，相比之下更能帮助我们获取持久的快乐，并减少焦虑等负面情绪。

一、正向心理学的启示

以上观点并非纯粹个人意见，乃是当代心理学的一个主流学派——正向心理学理论和研究启发的。正向心理学所探讨的，就是人如何才能拥有健全的心理和美好的人生。

正向心理学之父、美国宾夕法尼亚大学教授、前美国心理学会会长马丁·塞利格曼（Martin Seligman）认为，**快乐有两个不同的层次：一个是欢乐（pleasure），一个是满足（gratification）。**欢乐依靠感官上的刺激，例如吃喝玩乐，不用费很大的精神和努力，但刺激过程结束后，感觉就会消失，不会维持很久。如果不停地刺激感官的话，很易产生疲倦，欢乐的程度就会大大降低。因此，欢乐并非持久快乐的保证，就如物质追求并不能消除焦虑情况一样。

另一种快乐称为“满足”，是指个人借由自己的努力去完成一个有价值的目标，在达到目标的过程和结果中得到的正面情绪经验。在追求和达到目标的过程中，个人可以充分发挥自己的才能和专长，包括品格上的美德，例如坚忍、激情、自我超越等，而获得的满足大多在精神层面上，如自尊感、成就感、价值感等。

塞利格曼博士并不否认欢乐的重要性和价值，认为这是美好人生应有的元素，也是合理的人生目标。然而，在欢乐的人生（a pleasant life）以外，他认为**持久的快乐有赖发挥所长而产生的满足感和成就感，这才可能带给我们一个充实的人生（an engaged life）**。再者，假使我们能够为一些高尚、有意义、超越个人利益的价值和目标而努力，就可以拥有塞利格曼博士所说的“富有意义的人生”（a meaningful life）了。

环顾四周，大家不难发现，有些人只懂得追求欢乐，有些人则追求充实满足的生活，而有些人则重视人生的意义和价值。这三种取向并非互相排斥，可以兼容并蓄，但却有轻重先后之别。

你可能怀疑，以上正向心理学理论与焦虑问题有何关系？关键在于，假如我们所追求的只是欢乐（Pleasure）或物质的东西，这些东西或经验都很短暂，并且容易消失，使我们较易处于一个不安定的状况和心态，较易出现因害怕失去而产生的焦虑。换句话说，容易焦虑与否，跟你的价值观和生活取向有关。假如你看重的是心灵上的满足和有意义的生活，追求心灵满足和有意义生活的过程中的经验，往往才是最珍贵的，结果反而不是最重要的。当你能够渐渐把握和享受这个追求过程，你为别的事情焦虑的机会相对就会减少，因为你已找到有意义、有价值的人生焦点了！

二、接受和承诺治疗的启示

近年来，在心理治疗界非常流行的接受和承诺治疗（Acceptance and Commitment Therapy），是启发我们以上观点的另一个源头。这种疗法有两个重点：“接受”和“承诺”。

“接受”的意思是，我们顺应现实而采取一种安然接受而非抗拒的态度，纵使现实有时与我们的理想有很大的差距。其实抗拒或逃避只会造成更多的挣扎和痛苦，接受才可以带来平静自在的感觉。至于另一个主题“承诺”，就是指我们应选择过一个努力实践自己信念或信仰的生活，去做自己相信和认为最重要的事情，即使其中有困难和阻碍，也不会放弃或后退。

这套疗法的创立人斯蒂芬·海斯（Steven Hayes）博士认为，最重要的是你是否努力和有担当地去做应做的事情，过一个合乎自己价值观和心意的生活。成果如何不是最重要的，得失不是一切，只要你努力去过这种生活，你已经是个有价值的人，不枉此生！

在斯蒂芬·海斯眼中，认识和实践自己的价值信念是过有意义的人生不可或缺的条件。人生就像一次旅程，价值就是旅程中的路标，帮助你找到要到达的目的地。另外，价值永远是与行动连在一起的，你必须按照你的价值观为自己的生活作出选择，投身于你认为重要的事情上。价值不是用来挂在嘴边的，而是实践出来的。

不难发现，接受和承诺治疗，与上文提到的价值取向主题有异曲同工之妙，与正向心理学提倡的美好人生更是不谋而合。两者都重视经努力而获取的满足，重视实践自己的信念和价值（如“充实的人生”和“富有意义的人生”）。

在这个一致的框架下，大家可以以全新的角度去衡量个人的焦虑问题。当大家厘清自己的人生价值和意义之后，你可能发现，值得焦虑的事情和处境已经改变过来。即或不是，你也可以带着一股勇气和热情，去迎接自己的焦虑。不要让焦虑的感觉成为你踏上有意义、有价值生命之旅的绊脚石。即使焦虑仍在，你也可以昂首前进，因为你知道你是为自己的理想和信念而奋斗！

接受和承诺治疗运用一份“价值生活问卷”（Valued-Living Questionnaire，Wilson & Groom，2002）来协助人们寻找和肯定自己生活中的价值所在，这份问卷帮助我们反思对 10 个不同生活范畴的重视程度，包括家庭（不包括亲子和夫妇的关系）、婚姻/爱侣关系、亲子关系、友谊、工作、教育、娱乐、灵性生活、公民责任、身体健康。你对这 10 个生活范畴的重视程度，反映了你的价值取向和人生意义。有趣的是，在这 10 个范畴中，并没有财富这一项，似乎表示在这个治疗框架里，物质和财富追求不受重视，与美好和有意义的人生扯不上太大的关系。

实战区

价值大拍卖

以下是人生中10种最被重视的东西，假设你有100万元，你会如何分配金钱来“购买”这些在“拍卖场”上的“拍卖品”呢？

（1）健康 ________元

（2）家庭 ________元

（3）工作/事业 ________元

（4）宗教信仰/灵性生活 ________元

（5）兴趣/娱乐 ________元

（6）友谊 ________元

（7）爱情 ________元

（8）社会交往 ________元

（9）学习/教育 ________元

（10）财富 ________元

（1）从这个练习中，你对自己的价值观有何认识呢？

____

（2）你现在的生活是否正在实践以上的价值取向呢？

____

三、品格培养

除了价值观之外，另一个能够长远帮助减少焦虑的元素，就是个人品格的培养。正向心理学过去也曾对此作过深入的研究，塞利格曼和其他学者曾对差不多200种不同时代的东西文明进行深入研究，发现大部分文明都一致推崇6种美德（virtues），其中包含24个品格优点（character strengths）。他们认为，美好的人生应基于良好的品格（good character），因为人的行为受到自己的品格影响，具有良好品格的人，自然会做出正面且有建设性的行为，为自己带来成功美好的人生。反之，不良品格的人会为自己带来伤害和遗憾。

在他们研究的24个品格优点之中，我们认为有5个比较直接地影响个人的焦虑情况。假如你能提升这5个品格优点，就很有可能改善自己的焦虑问题。这5个品格优点包括：乐观、勇敢、幽默感、社交技能、追寻灵性意义。

1. 乐观

容易焦虑的人大多比较忧虑和悲观，他们总是将事情严重化，甚至灾难化，相信最坏的结果很大可能会出现，自己总是最不幸的一个。社交焦虑症患者认为自己是别人注意的对象，惊恐症患者认为自己恐慌发作时最坏的事情（包括死亡）将会发生，广泛性焦虑症患者是最典型的悲观主义者，他们几乎是事事担忧，终日惶恐。

既然悲观的习惯性思维是焦虑的催化剂，学习乐观应对就是改变这种习惯的“秘密武器”。乐观与悲观虽然部分是天生的，但后天的培养也很重要。塞利格曼是学习乐观方面的权威人士，他认为学习乐观的关键，在于改变对事物和经验的解释方式（attributional style）。

对失败和成功的经验，悲观和乐观的人有三方面不同的理解：悲观者认定失败是永远的、全面的，自己是自取其咎；相反，乐观者认为失败只是短暂的、局部的，并非全是自己的责任。悲观者的看法容易让自己意志消沉和逃避困难，造成恶性循环；而乐观者的看法则有助于自我激励和继续努力，结果有较大机会带来转机（可参考第八章“自信我可以：提升自我效能自助法”中介绍的建立自我效能感的途径，通过提升自信，培养乐观的态度）。

2. 勇敢

第二个可以改善焦虑的品格是勇敢。恐惧是焦虑的基本情绪，不正常的恐惧有两个特色：高估事情的威胁性和危险性；低估自己的应对能力。低估自己能力可以有很多方面，其中之一就是不相信自己有勇气和决心去面对困难和挑战，所以很多容易焦虑的人都是怕事和畏缩的。如果能够增强和培养勇敢的个性，对改善焦虑一定有帮助。

勇敢的人具有以下特征：

- 清楚确定自己的价值观和信念。
- 努力追求自己的目标。
- 不怕失败和挫折。
- 愿意忍受痛苦，付出代价。
- 正面思维多于负面思维。

3. 幽默感

我们相信另一个可以减少焦虑的品格优点是幽默感。你是否认识幽默风趣的人呢？这类性格的人大多不会是紧张大师或焦虑症患者，因为幽默可以为你带来欢笑和轻松的感觉。

到底什么是幽默呢？幽默是一种可以发掘事情可笑和轻松一面的能力，能够从抽离和崭新的角度去诠释现实，发挥不落俗套的思维。幽默感强的人通常都不会太执着和过分严肃，能够看透事情，用多角度思考，所以不容易被焦虑缠绕。

你可以尝试用以下方法提升自己的幽默感：

- 多读笑话或幽默小品。
- 多看喜剧片。
- 多释放自己的思维，从多角度来思考。
- 想象事情可能出现新奇、出人意料的发展。
- 多与幽默爱说笑的人相处。

- 多练习说笑的技巧。

4. 社交技能

社交技能是 24 个品格优点的其中一个，对焦虑的处理也非常重要。很多焦虑都与人有关，例如害怕被人批评和拒绝，怕失去面子或出丑，怕被人比下去等，社交焦虑症患者最明白这一点。

社交焦虑的部分成因是自己对社交情境过分忧虑和敏感，这是思维上的错误判断。另一个普遍的成因是缺乏社交技能或技巧，例如不懂得如何表达和坚持信念，不知道情感上的理解与沟通和冲突的处理等。很多有社交焦虑的朋友过去都有一些社交失败的经验，如被人嘲笑或出卖，以致他们对社交活动产生负面思想和恐惧。假如能够改善和提升自己的社交技能，就可以减轻焦虑的情况。

可以尝试通过以下途径来提升社交技能：

- 阅读有关社交理论和技巧的书籍。
- 参加社交技巧训练班。
- 观察和模仿身边社交能力强的人。
- 勇于突破自己的限制，尝试新的社交经验（如结识新朋友）。
- 参加团体活动，建立正面的团体生活。
- 选择合适对象，建立深厚的友谊。

5. 追寻灵性意义

焦虑是负面心理能量，与缺乏安全感和悲观有关，通常源于害怕失去所重视的。减少焦虑的一个方法是增加正面的心理能量，而追寻灵性和意义就是一个主要途径。

你是否有这样的体验：当你被一些灵性或意义层面的事情吸引时，你关注的焦点就不同了，对平时足以引起焦虑的事情感觉也会不同，仿佛问题被缩小了、淡化了，不值得这么焦虑似的！

灵性的范畴很广，凡涉及真、善、美的东西，都可以算作与灵性有关。超越自我，关系到人生最根本和终极的问题，也是灵性和意义的主题，例如生命的价值、人生的意义等。假如你多在精神层面去追求有意义或灵性的事情，很少为物质名利等事情操心，就可以享受更多的乐趣和喜悦。

大家不妨试试以下做法：

- 阅读一些与心灵有关的书籍。
- 参加静观和默想等有关的课程。
- 研究一下宗教对人生的好处（或坏处）。
- 欣赏大自然的美丽和奇妙。
- 学习和欣赏艺术精萃，如看歌剧、学习绘画创作等。
- 从事创造性的活动。

告诉你

灵性与宗教的重要性

在一项调查中，42%的病人表示宗教信仰是他们患病时的重要支持力量。在美国，有63%的人表示宗教信仰在他们的人生中非常重要。不同研究都显示，宗教信仰可以对个人的心理健康产生正面的作用：

- 提升生活满意感和快乐程度。
- 增加乐观、希望和人生意义感。
- 巩固婚姻关系。
- 减少抑郁和焦虑等负面情绪。
- 减少吸毒、滥用药物和自杀的机会。

灵性与宗教信仰似乎能为个人提供人生的方向和意义，使人感觉正面，提升积极性，也能在逆境中发挥稳定和安慰的作用。

四、结语

本书已经到了尾声，我们与大家一起走过破解焦虑之旅，希望书中的内容与建议能对大家有帮助。我们重申，焦虑乃生活中不可避免的情绪反应，有其正面的功能，可以帮助大家及早采取适当的措施脱险或防患于未然。但是，过度、频繁或不合理的焦虑会成为生活的困扰，严重的更会演变成焦虑症。假如你有这方面的问题，本书内容可以帮助你多了解焦虑这个“敌人”所用的诡计和权谋，教你有针对性的防御和抵抗方法。

总的来说，本书的自疗方法包括如下几个方面。

身体上：学习松弛来减轻紧张；

思维上：纠正错误想法，如高估危险或低估自己的能力，培养乐观思维；

行为上：勇敢面对焦虑及其后果，克服逃避的心态；

心态上：提升自信和练习静观的心法；

品格上：建立良好的品格和价值取向。

阅读本书只是开始，但单单阅读并不能彻底改善你的焦虑问题，最重要的还是认真地按书中的建议和练习去做。

要达到理想的成效，你必须具备以下条件。

决心：清楚自己的动机，有决心去解决焦虑的问题；

信心：相信焦虑问题是有解决方法的，相信自己可以学到应对焦虑的技巧；

用心：要用心去制定改善焦虑的策略，将书中的方法应用到自己的情况中；

耐心：成功非一朝一夕，需要具备耐性和毅力，一步一步改善，就可越来越接近目标；

善心：无论成效如何，都要用善意的心去对待自己，即使焦虑是你的“记号”，但你仍要尽量接受它，与它共存。

人生路上充满挑战，愿你找到勇气，乘风破浪，战胜焦虑，开创美好的人生！

实战区

自我探索：我的焦虑发展时间表

以下品格优点从长远来说都可帮助你减少焦虑，试想可用哪些方法来培养这些品格呢？

品格	培养方法
乐观	1.______ 2.______ 3.______
勇敢	1.______ 2.______ 3.______
幽默感	1.______ 2.______ 3.______
社交技能	1.______ 2.______ 3.______
追寻灵性意义	1.______ 2.______ 3.______

参考资料

【1】Diener E.1984.Subjcctive well–being[J].Psychological Bulletin,95: 542–575.

【2】Emmons R A,McCullough M E.2003.Counting blessings versus burdens: A experimental investigation of gratitude and subjective well–being in daily life[J].Journal of Personality and Social Psychology,84:377–389.

【3】Emmons R A.2003.Personal goals, life meaning, and virtue: Wellsprings of a positive life[M]//Keyes C L M（Eds.）.Flourishing: The Positive Person and the Good Life.Washington, DC: American Psychological Association: 105–128.

【4】Peterson C,Seligman M E P.2004.Character Strengths and Virtues: A Handbook and Classification[M].Washington, DC: American Psychological Association, New York: Oxford University Press.

【5】Seligman M E P.2002.Authentic Happiness: Using the New Positive Psychology to Realize Your Potential for Lasting Fulfillment[M]. New York: Free Press.

【6】Wilson K G,Murrell A R.2004.Values work in acceptance and commitment therapy[M]// Hayes S C,Follette V M,Linehan M M（Eds.）.Mindfulness and Acceptance: Expanding the Cognitive–behavioral Tradition.New York: Guilford Press:120–151.

附录 A　抗焦虑药物治疗点滴

一般人的焦虑症状往往是温和而短期的，但有时也可能引起严重的问题。长期或严重的焦虑状态，最后可能成为长期病征与病症，影响正常的活动和一般生活。焦虑症的种类很多，包括广泛性焦虑症、强迫症、惊恐症、社交焦虑症和创伤后压力症。

对抗焦虑的实证疗法包括心理治疗（例如认知行为治疗）和药物治疗。考虑用哪一种疗法或同时选用几种疗法，取决于医生或治疗师对患者的整体评估，以及对成病因素与起病原因的分析，同时参考患者过去曾经使用的各种疗法，再制订出短期、中期、长期目标。

成功的治疗必须针对个人的独特情况，拟出不同的治疗方案。有些人可能会在治疗后数星期至数个月内便痊愈，而有些可能需要一年或以上。对于大多数人来说，服药是有效的治疗方案，有些时候，为使其他形式的治疗取得效果，药物治疗也是不可或缺的。

一、为什么服药会有效？

到目前为止，整体研究资料使专家认为，焦虑的成因是结合环境、个人经验和中枢神经系统的生化因素，如神经递质不足或受体（receptors）敏感度降低，以致神经信息无法正常传导而发病。药物的主要作用是改善神经递质失调或恢复受体的敏感度。神经递质（neurotransmitters）包括血清素（serotonin）、去甲肾上腺素（norepinephrine）、多巴胺（dopamine）、伽马－氨基丁酸（Gamma Aminobutyric Acid; GABA）等。

二、抗焦虑药物

常见用于抗焦虑症的药物草（Anxiolytics）一般分为两组：苯二氮䓬类和非苯二氮䓬类药物。

1. 苯二氮䓬类药物（Benzodiapine）

苯二氮䓬类药物（Benzodiapine）类型的抗焦虑药物（也称轻性镇静剂），最常用于治疗焦虑。这类药物的主要作用在于短期舒缓严重的焦虑症状。常见的药物包括氯羟安定（Ativan）、氯硝西泮（Clonazepam/Rivotril）、阿普唑仑（Xanax）、地西泮（Diazepam/Valium）。

市面上常见的轻性镇静剂：

药名（Drug Name）	商品名（Trade Name）
地西泮（Diazepam）	安定（Valium）
劳拉西泮（v）	氯羟安定（Ativan/ Lorans/ Lorivan）
阿普唑仑（Alprazolam）	佳乐定（Xanax）
溴西泮（Bromazepam）	立舒定（Lexotan）
氯西泊（Chlordiazepoxide）	利眠宁（Librium）

这些药物通常是首选的短期中枢神经系统镇静剂，有需要时或要连续服用。作为治疗各种焦虑情况和较严重的焦虑症药物，它们可以在很短的时间内缓解焦虑症状。多数人会出现副作用，包括嗜睡，乏力，运动机能暂时性失调，记忆力减退，注意力不集中，植物神经紊乱，最主要的是情绪波动比较明显。这些反应可能会影响驾驶或操作机械的能力，患者如不能确定服药是否影响从事此类活动，建议尽量不开车、不操作复杂的机器或避免从事有危险性的活动。

这类药物若连续使用超过 6 星期，停药时会出现脱瘾征状。如服用更大剂量，可能会更快产生药性依赖。在突然停服时，会出现戒断征状和反弹后综合征状。其他值得关注的潜在问题，包括在未有评估和监督下滥用这些药物。因此，此类药物在世界各地均受严格管制。

由于以上原因，药物治疗一般应在短暂时间如几天或几周内完成。但是，有些患者可能需要长期治疗。如果治疗突然停止，可能会发生“戒断反应”，征状包括焦虑、头痛、头晕、失眠、食欲不振，或在极端情况下癫痫发作。由于征状相似，“戒断反应”可能会被误认为焦虑复发。

如果患者有药物滥用问题或病史，请务必告知主诊医生。大多数患者能够安全地停止使用这些药物，并能在医生的监督下完成治疗过程。

2. 非苯二氮䓬类药物（Non Benzodiazepine）

（1）丁螺环酮（Buspar）。

这类药物较少引起依赖和认知功能障碍等问题，但相比苯二氮䓬类药物，可能效果不那么明显，丁螺环酮必须服用至少两周，才能达到抗焦虑效果，因此不能用作有需要时服用的药物。

（2）三环抗郁剂（Tricyclic Anti-depressant，TCA）。

如果要长期使用的话，这类药物可能更可取，因没有成瘾和依赖的风险。它的药效最少等同于轻性镇静剂，可用于治疗焦虑症、惊恐症、强迫症和同时出现的抑郁症等。

（3）选择性血清素再回收抑制剂（Selective Serotonin Reuptake Inhibitor，SSRI）。

选择性血清素再回收抑制类药物，如氟西汀（Fluoxetine）、氟伏沙明（Fluvoxamine）、帕罗西汀（Paroxetine）、舍曲林（Sertraline）等，在一些地区已被批准使用于强迫症患者。帕罗西汀可治疗抑郁症、强迫症、惊恐症、社交焦虑症和创伤后压力症。

常见的血清素再回收抑制剂（SSRI）：

药名	商品名	抗焦虑症	抗惊恐症	抗强迫症	抗社交焦虑症	抗抑郁症
氟西汀（Fluoxetine）	百忧解（Prozac）		√	√		√
西酞普兰（Citalopram）	舒忧（Cipram）			√	√	√
艾司西酞普兰（Escitalopram）	来士普（Lexapro）		√		√	√
氟伏沙明（Fluvoxamine）	兰释（Faverin）			√		√
帕罗西汀（Paroxetine）	赛乐特（Seroxat）	√	√	√	√	√
舍曲林（Sertraline）	左洛复（Zoloft）	√	√	√	√	√
帕罗西汀 CR（Paroxetine CR）	赛乐特 CR（Seroxat CR）	√	√	√	√	√

（4）血清素正肾上腺素再回收抑制剂（Selective Norepinephrine Reuptake Inhibitor，SNRI）。

怡诺思 / 文拉法辛（Efexor/Venlafaxine）用于广泛性焦虑症、社交焦虑症与惊恐症的长期病患者，对治疗身体焦虑症状（somatic anxiety）及紧张情绪（emotional anxiety）都具有效果。

文拉法辛 XR（Venlafaxine XR）的治疗效果及反应与药物的剂量相关，用量由 75 mg 的低用量到较高剂量（如每天 225 mg）均可。

此类药物能抑制血清素及去甲肾上腺素的再回收，也能轻微抑制多巴胺的再回收，保持脑内神经传递物质的平衡。

副作用方面，此类药物相对来说较易接受，也可能因人而异。

（5）β 受体阻滞剂。

常用于治疗高血压和心脏病，有时会被用来控制“表现焦虑”。心得安（Inderal）是一种常用的 β 受体阻滞剂。

（6）安眠药。

用于治疗焦虑症患者入睡困难及易醒等失眠问题。

市面上常见的安眠药：

药名（Drug Name）	商品名（Trade Name）
地西泮（Diazepam）	安定（Valium）
劳拉西泮（Lorazepam）	氯羟安定（Ativan/ Lorans/ Lorivan）
咪达唑仑（Midazolam）	多美康（Dormicum）
硝基安定（Nitrazepam）	硝基安定（Mogadon）
氟西泮（Flurazepam）	氟安定（Dalmadorm）

较新的安眠药佐匹克隆（Zopiclone） 及唑吡坦（Zopidem），可用作短期治疗失眠症的症状。

3. 其他药物

普瑞巴林（Pregabalin/Lyrica）可用于治疗广泛性焦虑症。基于多个随机和双盲（Double Blind）临床试验数据评估，用普瑞巴林来治疗广泛性焦虑症，效果迅速且持续。在首周的治疗中，生理及心理症状都可获得显著缓解。

药理方面，借由调整神经传导介质谷氨酸（glutamate），普瑞巴林可减少释放多种脑内的传递物质。主要副作用大多是轻微到中度，且与使用剂量有关，此药会引起头晕和嗜睡，最常见的是困倦。

三、治疗期到减药期

当停药时，需要慢慢减用，以免出现戒断反应，征状可能是不安、烦躁、食欲降低、腹泻、头晕、失眠、紧张、嗜睡及出汗等。部分征状的出现，并不代表病症复发，可能只是减药反应，会随时间消失。

四、结语

焦虑症可能会有其他共病或因延误诊疗而引起的情况。根据统计，最少约有一成的患者或发展出抑郁症而需要接受治疗。若药物使用不当，患者有可能成为安眠药与非医疗处方镇静剂的依赖者。

虽然药物可以非常有效地治疗焦虑、恐慌及失眠等症状，但也有其局限性，因为这些药物未必能解决所有焦虑症的症状。要达到完全纾解症状，就应学会如何处理焦虑，可能需要在生活中作一些重要的改变，患者还应考虑接受有效的心理治疗服务。药物治疗能改善紧张、失眠等症状，间接提升患者接受其他治疗的能力。

再者，病人与医生应进行开放和诚实的讨论，针对病情的需要作出适当评估，订下治疗计划（包括药物治疗），不应讳疾忌医或因怕服药而逃避。

上述药物只是抗焦虑药物中的一部分，都须经专业注册西医处方及明确的指示下服用，并由医生随访。绝不应随便购买配服，不恰当服用的后果难以估计。如要服用抗焦虑药，还是先同专业医生商讨，有需要时，还应向精神专科医生求诊。

谈家乐医生
基督教联合医院
精神科副顾问医生

附录 B 相伴前行：焦虑患者家属亲友锦囊

不少人生病，不论小病如喉咙发炎或感冒，或是长期病患如糖尿病和心脏病等，身边的亲人和朋友都会因其病况而作出相应的配合，如会让他们争取时间休息，为患者代办琐事，或调整饮食，选择较清淡和健康的食物等。

与焦虑症患者相处，需要作哪些方面的配合呢？本文尝试提供一些提示，给关心焦虑症患者的人士参考。

一、照顾者肩上的重担

人受到威胁或感到不安全和危险时，作出“攻击”或“回避”来保护自己是再正常不过的事，但过分和不合理的焦虑反应会造成严重问题，甚至演变成情绪病。在应付焦虑的过程中，身边支持者、照顾者正面积极的支持，是焦虑症患者战胜焦虑的关键。

值得一提的是，经常接触焦虑症患者的亲友，本身也有可能会受患者影响，以致出现以下问题。

- 生活模式受影响：可能因时常陪伴患者就诊或听其讲述心事，没有时间做一些自己喜欢的事情，漠视自己的需要。
- 过分自责：认为自己对患者的病况负有一定责任，感到无助和内疚。

- 身心疲惫：长期照顾患者，导致精神紧张，容易变得焦虑、沮丧、情绪低落、脾气暴躁，甚至向家人和患者发泄怨愤，影响双方关系。

不懂得处理上述问题的亲友，若不设法改善情况，最终会令自己及患者堕入恶性循环，例如以下情况。

- 要求完美：要求自己和患者做到最好，容易把自己困在一个框架内，以为百分之百体贴患者便能帮助对方走出低谷。
- 问题个人化：将焦虑问题归咎于患者本人，不接受患者病况或从客观角度分析。
- 逃避：逃避与患者接触，漠视他们的需要。这种消极的态度，往往是由于不能面对当前压力，拒绝接受现实导致的。
- 以无效的方式解决问题：通过暴食、饮酒等来减轻压力，或以沉默、冷战等模式沟通，以期令患者就范。

二、与焦虑症患者相处之道

1. 从旁协助，认清责任

以前有一部电视肥皂剧，剧情讲述一位怕做决定的律师，他的妻子暗地将丈夫的情况向心理专家求教，得悉丈夫可能患有焦虑症，需要身边的人多给他鼓励，于是处处认同丈夫的决定，希望能提升他的自信。丈夫在瞬间确实恢复自信，但当他知道是妻子的苦心安排后，信心一落千丈，直到谷底，焦虑变本加厉。妻子忧心忡忡，感觉自己弄巧成拙，不知怎样去帮助丈夫。

不少焦虑症患者的亲友也有和这位律师太太一样的矛盾，一面想帮助患者重拾信心，另一面却怕愈帮愈忙。笔者曾接触过一些焦虑症孩子的家庭，家人知道孩子怕上学，于是不停给他们转学，或允许孩子长期在家，甚至找私人教师上门补课。家长将孩子需要承担的压力和责任一手包揽，间接助长孩子不断逃避。这类孩子自小没有学会面对和处理困难，长大后很可能工作稍不如意便轻易跳槽，与人相处不顺便放弃交往，久而久之终日躲在家里。家人不忍心丢下孩子不管，只能继续照顾他们的起居饮食，致使患者持续逃避责任，从没有真正地为自己的人生负责。这是谁的责任？

事实上，患者受情绪困扰，支持他们的身边人理当为他设想，感受他的难处，与他同行。但是怎样才是恰当的帮助和关心呢？家人和朋友的呵护，不等于事事顺从其意，尤其在处理患者感到为难的事情上，切勿因关心和同情而将患者应当承担的责任变成自己的事。当然也不能冷漠对待，让其独自承担，较适合的原则是尽可能从旁协助而非包办。

2. 合理期望，循序渐进

从旁协助和代其办理，看来有分别，行动起来却只是一线之差。从旁边协助的目的十分明显，就是要患者在行动中学习处理和承担自觉应付不来的事，最后达到可以自行解决的目标。

“罗马不是一日建成的”，要达到一个目标，当然要先完成数个以至数十个小目标。焦虑症患者若要重拾自信，适应生活的种种挑战，就需把小目标逐个完成。支持患者的亲友先要明白，对患者而言，完成一个很小的目标也可能像千斤的重担，因此不能操之过急，要求患者一步登天。为免日后给患者加上太大的压力，身边的支持者必先要调整自己的期望，这是协助患者的第一步。

婴儿学走路要经过无数次跌倒再爬起来，才能掌握平衡，稳定前行，纵然父母在一旁看着很着急，也只能陪伴打气。协助焦虑症患者的家人或朋友，也要耐下心来，从一个小目标开始，一方面给予患者尝试的机会，另一方面鼓励他们大胆尝试，引导对方吸取行动过程中的成功和失败经验，逐步让患者揣摩、总结出一套克服问题、重建信心的方法。

以下是一个由真人实事改编的例子，主要用以说明循序渐进的成效。

患上惊恐症的美兰多年来拒绝搭乘公共交通工具，她的生活圈子也因此变得日渐狭窄。经过辅导员安排，她认识了义工玉姐，俩人一见如故，玉姐很快成了美兰倾诉心事的对象。

玉姐知道美兰若能重拾乘车的信心，会对改善病情有帮助，于是主动提出陪伴美兰搭乘地铁。美兰在玉姐的陪伴下顺利搭车来回三个车站，并向玉姐承诺会继续尝试。不料，三天后美兰致电玉姐，哭诉自己乘坐了一个车站便头晕、心悸，要匆忙下车。玉姐知道后十分沮丧，检查自己的建议是否过于激进，于是请教辅导员怎样继续帮助美兰。

在辅导员的指导下，她明白到要将整个乘车计划拆分成不同的阶段。首先，鼓励美兰掌握深呼吸及正面的自我对话技巧，用来处理在车厢内的紧张心情。然后再陪伴美兰乘车，由最初跟美兰一路攀谈，转变为之后在身边默默陪伴，为她独自乘车作准备。

二人尝试了 20 多次后，美兰根据之前获得的乘车经验，发现阅读及深呼吸最有助于分散紧张的想法和心情。经过约 6 个月的辅导和玉姐的鼓励与协助，美兰独自乘车的次数逐步增加。

3. 控制情绪，以身作则

在协助患者的过程中，亲友要对患者出现时好时坏、停滞不前的情况有心理准备，此时不论患者还是协助者，都有可能陷入沮丧、失落的情绪，学会接受这个起伏阶段极为重要。当然，协助者要以身作则，稳定自己的情绪，示范如何冷静地面对问题。假如像患者一样紧张和担心，忍受不了停滞不前的状态，催促甚至强迫患者改善问题，或直接帮对方解决，很容易产生相反效果，甚至破坏双方的关系。协助者要控制自己的情绪，避免以严苛的态度批评患者。

身为亲友的你，是否批评过对方“你太过敏”“多疑”“太心急”“没有勇气”“怕失败”和“怕出丑”？焦虑症患者在生活中容易出现逃避行为，他们背负强烈不安和担心的情绪，常有怕应付不来、怕事与愿违等焦虑想法。这一连串反应，需要身边人以冷静的态度去化解。在沮丧或愤怒时，应避免和患者争辩，要冷静下来或离开当时的环境，以平静的态度分析，细心想一想自己生气的原因，积极寻找改进办法。试问不控制自己的情绪，如何能代入患者的感受和想法去帮助他呢？

再者，不论是善意还是恶意的批评，都有可能打击患者战胜焦虑的信心。须知患者最在意身边人的反应，若支持者因为帮不到他而失望，患者的想法和心情也会受影响，甚至质疑自己“是我做得不好吗？我是不是无药可救了？”因此，要改善患者的情绪，协助者首先要学会控制和处理自己的情绪。

协助者可以多阅读管理情绪的知识和技巧，经常到外面走一走，向其他人倾诉一下内心的情绪。在思想上，要多培养正面思维，欣赏自己充当协助者或照顾者的角色。当然，本书其他章节也提供了一些适当的方法，让患者和亲友学会处理自己的情绪。

4. 接受缺陷，珍惜关系

每个人都有不同于他人的特质，这些特质皆受先天及成长因素的影响。资深婚姻及家庭治疗师霍玉莲女士在她的著作《怎可以一生一世》中指出，爱侣相处之道就是要接受对方有缺陷的美。自己喜欢对方的，多是自己所缺少的；别人爱你的，也可能是人家没有的，这就是“一凹一凸”的道理。

所以我们没理由去要求别人和自己一样，也不需要刻意证明我对你错。套用到与焦虑症患者相处，就是多欣赏他们的认真和细心，同时邀请他们学习“拿得起放得下”的态度。互相欣赏，关系才能长存。和谐亲切的关系，是改善患者焦虑情况的重要因素。

三、结语

焦虑症患者的亲友需提醒自己，切勿过度投入照顾者的角色而忽视自身的需要，出现“忘我”倾向。所谓“忘我”倾向，即是以照顾患者为生活的全部，只顾如何帮助对方，完全忽视自己本身的情况和需要。

“忘我”倾向往往是深信“只有病人好，我才会好”。过度“忘我”，会导致精神和身体上承受太大的压力，容易出现“耗尽”(burnout)的精神状态，严重的话，连自己的精神健康也会出现问题。所以，亲友应保持中庸之道，问问自己：即使病者的情况不变，我还可以做些什么来改善自己的身心状况？并以新的信念——“即使病人不能好，我也要活得好(健康及愉快)”，来取代过分的担心。

若想帮助有情绪困扰的亲友，先要保持自己身心健康。焦虑症病人的康复路是漫长的，途中有你不断的协助与支持，大家的人生路才会越走越光明。

黄建慧

注册社会工作者

参考资料

【1】Smith L L, Elliott C H.2003.Overcoming Anxiety for Dummies[M]. New York: Wiley Publishing Inc.

【2】霍玉莲 .1996. 怎可以一生一世 [M]. 香港：突破出版社 .

中文参考书籍

【1】汤国钧，何敏贤，李智群 .2017. 谁偷走了我的快乐：应对负面情绪自助手册 [M]. 香港：突破出版社 .

【2】李诚 . 谈情说病：漫谈情绪病 [M]. 香港：天健出版社，2004.

【3】郭碧珊 .2005. 为情所困：走出情绪病深渊 [M]. 香港：经济日报出版社 .

【4】李诚 .2006. 见焦拆焦 [M]. 香港：博益出版社 .

【5】黄富强，孙玉杰 .2007. 驾驭焦虑："认知治疗"自学 / 辅助手册 [M]. 香港：天健出版社 .

【6】艾瑞克·郝兰德尔着 .2007. 走出社交焦虑的阴影 [M]. 庄凯迪，译 . 台北：商周出版社 .

【7】辛西亚·莱斯特着 .2007. 帮助孩子克服焦虑 [M]. 张美智，译 . 台北：世茂出版社 .